思考理科

なぜ?からはじめよう SDGs

②

算数の世界に強くなる理科

藤嶋昭（東京理科大学 栄誉教授）監修
田中幸／結城千代子 著

東京書籍

もくじ

○の数字はＳＤＧｓの中の関連する番号になっているよ

1 大きな数の世界と理科

2 小さな数の世界と理科

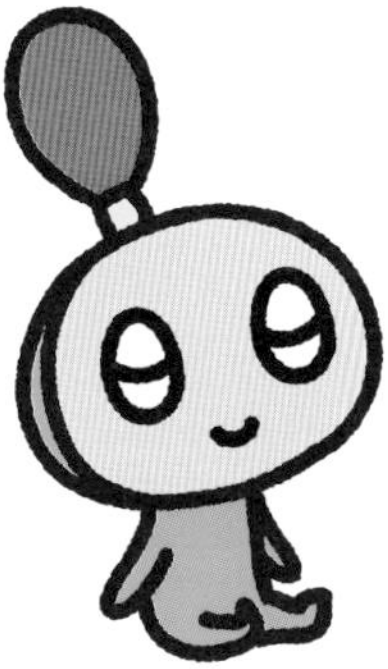

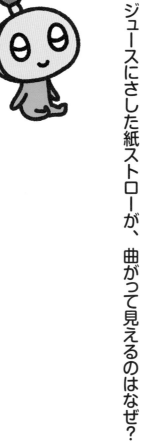

4 時間と空間の理科

SDGs17の目標

(→第1巻にくわしく書いてあります)

国連SDGs公式サイト（英語）
https://www.un.org/sustainabledevelopment/

はじめに

算数では数が大きくなると、いろいろな数字がたくさん並《なら》びます。数が小さくなると、小数点のあとに、ゼロがたくさん並んだりもします。ですから、数字の並びだけを見ていると、桁《けた》や計算を間違《まちが》えやすくなります。

理科では、数字は必《かなら》ず何かを表《あらわ》していて意味《いみ》があります。ものすごく大きくても小さくても、それが何を表しているかがわかると、数字の大きさの違いがなるほどと思えます。物を作る粒《つぶ》の数や光の速《はや》さ、宇宙《うちゅう》の星までの距離《きょり》などは大きな数字の世界《せかい》です。一方で、同じように物を作る粒でも、その大きさや重《おも》さはとても小さい数字になります。また、算数ではいろいろな形の違い、時間なども数で考えて計算しますが、理科の世界では、その算数のやり方を使《つか》って、身《み》の回りのものを測《はか》り、その動《うご》きや変化《へんか》を考えます。

そしてこの本ではSDGs《エスディージーズ》に関《かか》わる話をところどころで取《と》り上げています。理科の学びを通してSDGsへの理解《りかい》が深まることも願《ねが》っています。

（著者《ちょしゃ》より）

1

大きな数の世《せ》界《かい》と理科

とてつもない速《はや》さ。光には決《き》まった速さがあるの？

❶
❷
❶ランタンのおおいを取る
❷明かりが見えたらランタンのおおいを取る

　みやさんは、半世紀《はんせいき》近く前に打《う》ち上げられて、現在《げんざい》も太陽圏《たいようけん》を離《はな》れて宇宙《うちゅう》を進《すす》む無人《むじん》宇宙《うちゅう》探査船《たんさせん》ボイジャーの話を聞きました。もし、進む速さが光の速さだったら、１日もかからないところを飛《と》んでいることになるそうです。つまり、光にも速さがあるのです。みやさんは花火大会のときに、大人《おとな》の人が言っていたことを思い出しました。

「花火は光ってから、少し遅《おく》れて音が聞こえる。それは音よりも光が速い証拠《しょうこ》だよ。」

　では、光はどれほど速いのでしょうか。みやさんは友《とも》だちと科学館《かがくかん》を訪《たず》ねてみました。ちょうど【光の速さはどうやって測《はか》っていたか】というコーナーがありました。

『身《み》の回りの光源《こうげん》から光が出て、目に届《とど》くまでは一瞬《いっしゅん》です。』

（うん、そうだよね。音よりずっと速いのはわかるけど、速すぎて「速さ」を簡単《かんたん》には測れないんじゃないかなあ。）そんなことを考えながら、みやさんは展示《てんじ》の説明《せつめい》をさらに読み進めてみました。

『記録《きろく》に残《のこ》るもっとも古い速さの測定実験《そくていじっけん》は、ガリレオ・ガリレイが行いました。ずっと遠くの場所《ばしょ》に明かりをともして、光をおおいでかくして、すぐにおおいを取《と》る実験でしたが、もちろん、うまく測れませんでした。』

（やっぱりね。太陽圏の外からでも、1日もしないで届いちゃうくらい速いんだから、遠くに見える山とかじゃ近すぎるよ。だとしたら、ずっと遠くにある星とかを利用《りよう》したのかな。）

『その後、星の観測《かんそく》の中から、光の速さについていろいろな報告《ほうこく》が出てきました。星の予測《よそく》される動《うご》きと実際《じっさい》の観測結果《かんそくけっか》に差《さ》が見出されます。それは地球《ちきゅう》まで光が届くのに時間がかかるせいでした。中でも、17世紀《せいき》にデンマークの天文学者《てんもんがくしゃ》レーマーが木星とその衛星《えいせい》を利用して求《もと》めた光の速さの計算が有名《ゆうめい》です。宇宙くらい広い場所でないと、光の速さに関係《かんけい》する現象《げんしょう》が見つからなかったわけです。』

みやさんは自分の予想《よそう》が当たったので、わくわくして続《つづ》きを読みました。

『地上にあるものだけで行われた光の速さの正確《せいかく》な測定には、フランスの科学者フィゾー（1819 - 1896）が初《はじ》めて成功《せいこう》しています。』

（えっ、地上のものだけで？　どうやって「遠く」で光を出したんだろう。それに、すごく精密《せいみつ》なストップウォッチとかを作ったのかしら。でも、ボタンを押《お》す時間とか、人間の動きって光よりずっと遅いはず。光った瞬間にわかるような機械《きかい》を利用したのかな。）

『フィゾーは9キロメートル先に反射鏡《はんしゃきょう》を置《お》き、光源の前に歯車《はぐるま》を置きました。歯車の歯と歯の間を通り抜《ぬ》け、反射鏡ではね返《かえ》った光が、また歯車を通過《つうか》して戻《もど》ってくるまでにかかる時間を機械で測定したのです。光は真空《しんくう》の中では決まった速さ、秒速《びょうそく》30万キロメートルで進みます。これは1秒間で、地球を7回り半できるスピードです。』

（なるほど。鏡で「遠く」をつくったり、短《みじか》い時間を測るための工夫《くふう》をしたんだね。

それにしても、光の速さは速すぎてぴんと来ないなぁ。あっ、でも新幹線《しんかんせん》の速さとも比《くら》べて書いてある。）

『新幹線にはいろいろな速さの車輌《しゃりょう》がありますが、歌の歌詞《かし》にもなっている「時速250キロメートル」として考えてみましょう。時速というのは1時間に走れる距離《きょり》のことです。1時間は60分。1分は60秒ですから、1時間を秒で表《あらわ》せば3600秒になります。3600秒で250キロメートル進むということは、1秒でおよそ0・07キロメートル（約《やく》70メートル）進めるということです。光速はそのおよそ430万倍です。太陽はおよそ1億《おく》5千万キロメートルの遠方で輝《かがや》いているので、その光は8分半ほどかけて地球に到着《とうちゃく》しています。つまり、今見ている太陽は約8分半前の姿《すがた》なのです。さきほどの新幹線だと、太陽まで行くのに68年と半年ほどかかってしまいます。』

自分の見ている太陽が少し前の姿だということを、みやさんはとても不思議《ふしぎ》だと思いました。私《わたし》たちが今見ている、何百光年も遠いところにある星の輝《かがや》きは、何百年も前の姿だということです。

大きな数をざっくり数える。地《ち》球《きゅう》には、どのくらいアリがいるの？

けいさんは、校庭《こうてい》でアリの行列《ぎょうれつ》を見つけました。小さいアリが何匹《びき》も何匹も、本当にたくさん並《なら》んで歩いているのをとても不思議《ふしぎ》に思いました。どこから来て、どこに行くつもりなのでしょう。それを知りたくて、行列にそって歩いていくと、ベランダで育《そだ》てていたイチゴが地面《じめん》に落《お》ちて腐《くさ》っていて、アリはまず、そこに集《あつ》まっていました。そして、そこから行列は、けいさんの足で20歩も歩いていった先にある、花だんの土に開《ひら》いた穴《あな》にまで続《つづ》いていました。

けいさんはアリを数え始《はじ》めました。でも、アリは小さい上にあまりにも数が多く、また、動《うご》いていくので、「いーち、にー、さーん……」という数え方ではとても数え切れませんでした。

けいさんに、並んでいるアリの数を聞かれたみう先生は考えました。いくら先生でも、一匹ずつ数え上げることは無理《むり》だと思えたからです。その上、アリは途中《とちゅう》、花だんの花の下をくぐっているので、姿《すがた》が見えないところもあります。

そこで、けいさんの歩幅《ほはば》を40センチメートルほどとして、行列の長さを大雑把《おおざっぱ》に計算してみました。また、5センチメートルの間に何匹くらいのアリがいるかも、ざっと目で数えました。すると、行列が8メートル（800センチメートル）くらいで、5センチメートルの間に25匹くらいアリがいたので、「4000匹くらいが並んでいるかなぁ。」と答えました。

「そんなにたくさん！　では、世界中《せかいじゅう》にアリさんは何匹いるんでしょう？」

みう先生はまず、「ものすごくいっぱい。1億《おく》とか、1兆《ちょう》とかよりも、もっとずっと多いと思うわ。」と答えました。

でも、その答えでは、けいさんは満足《まんぞく》しません。

「どのくらい多いのかな。1億の1億倍《おくばい》くらいでしょうか?」

そこで、みう先生は気がつきました。今、アリの行列の近くにいる人は、けいさんや自分を入れても10人くらいです。人が10人程度《ていど》のところに、アリは4000匹……。

世界には、人は約80億人います。人が一人いるところにアリは400匹くらい歩いているとして、単純《たんじゅん》に掛《か》け算をすると、アリは3兆匹ぐらい歩いていることになります。

さらに、アリは穴の中に大きな巣《す》を持《も》っています。これまた、いろいろな深《ふか》さの巣がありますが、ざっくり地面の下5メートルと考えてみます。歩いているアリほど、みっしりいないとして、5センチメートルに20匹いるとし、地下のアリと合わせて考えると、3兆匹は一気に6000兆匹になります。

また、さらに人がいない、ジャングルやサバンナのようなところにこそ、たくさんいるかもしれません。アフリカ大陸《たいりく》の大きさは日本の面積《めんせき》の80倍くらいだそうです。では、世界中で人があまりいなそうでアリがいそうなところを、これまた、ざっくり、日本の面積の１５０倍あるとしましょう。日本の人口を1億人として考えると、アリは80兆匹となります。日本にいるアリの１５０倍がいるとして考えると１２０００兆匹にもなります。合計すると１８０００兆匹。まあ、これまたざっくり四捨五入《ししゃごにゅう》して２００００兆としましょう。これを2京《けい》*と呼《よ》びます。

みう先生は、けいさんにこう言いました。

「大当たり！　だいたい、ちょうど2億の1億倍くらいね。」

先生は自分の考え方が合っているという自信《じしん》など、ちっともありませんでしたが、こんなふうに、自分の想像《そうぞう》できる範囲《はんい》で考えて、大雑把に計算したものが、完全《かんぜん》に間《ま》違《ちが》いだとも思っていません。

「とにかく、とっても多い数なのよ。アリさんってすごいね。」

みう先生が言うと、けいさんはニッコリ笑《わら》ってうなずきました。

２０２２年にアメリカの科学アカデミーの昆虫学者《こんちゅうがくしゃ》が、生態系《せいたいけい》にとても大切な役《やく》割《わり》を果《は》たす存在《そんざい》として、世界に生息《せいそく》するアリの数を2京匹と推定《すいてい》する研究《けんきゅう》を発表《はっぴょう》しました。計算の元となる世界のデータや、仮説《かせつ》のたて方はもちろん、みう先生のものとは違います。

しかし、先生のおおよその推定で求《もと》めた大きな数は立派《りっぱ》なものではありませんか。なんだか理科と算数の話なのに、きちんとわからない大雑把でいいかげんな数え方だなと感《かん》じた人もいるかもしれません。科学者はもっと正確《せいかく》な数字を求めるはずだと考えているでしょうか。

では、ここで、理科で出てくる大きな数字が二通りあることを知ってください。

一つはいつも皆《みな》さんが算数で考えるように、並んでいる数字の、すべてがきちんと決《き》まった数であることです。ものすごく多い数字が全部《ぜんぶ》大切で、その一つの違いを問《もん》題《だい》とする場合です。例《たと》えば、光の速《はや》さ（光の速さについては10ページを参照《さんしょう》）は19世《せい》紀《き》の測定《そくてい》では、１秒間《びょうかん》に31万３０００キロメートル進《すす》むと測定されていましたが、現《げん》在《ざい》の測定によると29万９７９２キロメートルです。細かい数字の違いは、現在の方がより正確に測定できるようになったからだと考えます。

もう一つは、アリの話であつかったような大雑把な数です。これを概算《がいさん》といい、大体どのくらいかを知ることを大切に考えます。ときには桁数《けたすう》の違い（オーダーの違いともいう）だけに注目《ちゅうもく》して、大小を考えることもあります。例えば、太陽系《たいようけい》の直径《ちょっけい》は1・575光年（光年については55ページを参照）ですが、銀河系《ぎんがけい》の直径は10万光年と考えられています。銀河系はあまりにも大きくて、これ以上《いじょう》正確な細かい数字を求める意味《いみ》がないのです。そして、この二つを比《くら》べるときは、太陽系をおよそ1の大きさと考えて、銀河系はその10万倍というふうに表します。このときも、太陽系の細かい数字は、銀河系の大きさに対《たい》して小さすぎるので、考えに入れません。いずれも、きょくたんに大きな数や小さな数を考えるときに科学者が使《つか》う数です。

皆《みな》さんは、みう先生のような考え方をしたことがありますか。

数が大きくて、とても数えられないから想像するしかないとき、むやみにまったく適当《てきとう》な数字を言っても意味がないことはわかるでしょう。

では、どうやって、想像をふくらませますか。本物《ほんもの》に近いと思える数字を導《みちび》き出すために、どのような手がかりを集め、考えを組み合わせて、より、真実《しんじつ》に近づきますか。

このような推定の数は、別《べつ》の方法《ほうほう》で求められた結果《けっか》と必《かなら》ずしも一致《いっち》するとはかぎりません。だからと言って、どちらかが間違いだともいえません。立てた仮説が違うと、結果は違います。その仮説を確認《かくにん》する方法がない場合は、より、正しくなるような考えをいろいろと追究《ついきゅう》することが大切になります。

「世界にある鉛筆《えんぴつ》の本数は?」「世界中で今寝《ね》ている子どもの数は?」「実際《じっさい》に人が住《す》んでいる土地の面積は?」

このように、単純には数えられないような大きな数字を、科学者たちは、なんとかして考えようとしてきました。このような考え方をフェルミ推定**と呼びます。

このような考え方で数えにくいものを知る方法は、世界を動《うご》かすような会社の入社試験《しけん》の面接《めんせつ》でも使われるくらい、大人の社会で求められる力です。

*大きな数の呼び方で、兆《ちょう》の次《つぎ》の単位の呼び名です。
**物理学者エンリコ・フェルミ(1901-1954)が考えた方法。

無数《むすう》というほどの大きな数。スギの木は、なんであんなにたくさん花粉《かふん》を飛《と》ばすの？

ようこさん　あの山の、黄色いけむりみたいに見えるのは何かしら。

りおんさん　なんだか、見ているだけで鼻《はな》がムズムズしてきた。花粉症《かふんしょう》と関係《かんけい》があるのかな。

山をうっすらとおおう、黄色いけむりのような「もや」はスギの花粉です。雲のように見えますが、花粉というのは粒《つぶ》ですから、どのくらいあるか、数えられるはずです。スギ林１ヘクタールあたり４兆個《ちょうこ》の花粉が生産《せいさん》されているというデータがあります。林野庁によれば、スギ人工林の面積《めんせき》は４４４万ヘクタールですから、４兆に４４４万を掛《か》け合わせると気が遠くなるような数ですね。

また、市や町ごとに飛《と》んでくる花粉を数えている地域《ちいき》もあります。東京都《とうきょうと》のある市では、ピーク時になると1日に1平方センチメートルあたり800個近《こ》く飛んでくるそうです。わずか1平方センチメートルで800個ですから、こちらもたいへんな数です。

黄色い煙《けむり》を吹《ふ》いているような山に近づいてみると、緑《みどり》のスギのえだ先には、茶色い房《ふさ》が重《おも》そうにたくさんついています。スギの花はオバナとメバナに分かれていて、オバナは2月から4月頃《ごろ》にかけていっせいに花開《ひら》いて、黄色い花粉を出します。

ところで、植物《しょくぶつ》の多くは種《たね》で増《ふ》えます。種は、花の中のオシベについている花粉が、メシベにつくと実《みの》ってできます。ふつう、植物は蜜《みつ》を吸《す》いにやってきた昆虫《こんちゅう》や鳥に花粉をつけて、メシベまで運《はこ》んでもらっています。

スギはたいへん古い時代《じだい》からの植物です。昆虫がまだあまり多くいなかったり、活《かっ》発《ぱつ》に動《うご》いていない頃から進化《しんか》しました。そこで昆虫にたよらず、風にのせて花粉を運ぶようになりました。このしくみは、なかまが集《あつ》まって、すぐそばで育《そだ》っている場合にはいいのですが、なかまどうしが離《はな》れ離れだと、多くの花粉がなかなかメシベにたどり着《つ》けません。そのため、無駄《むだ》になる分を見越《みこ》して、多めに花粉を飛ばしているのです。それが、数えきれないほどたくさんの花粉を作る理由《りゆう》です。

花粉は風にのって遠くまで飛びます。その距離《きょり》は数十キロメートル以上、ときには300キロメートル以上《いじょう》も離れた場所《ばしょ》までたどり着きます。このスギ花粉が、くしゃみや鼻水などを引き起《お》こすスギ花粉症の原因《げんいん》です。

スギは、ほぼ日本固有《こゆう》の木で、育ちやすく木材《もくざい》としても役立《やくだ》つことから、たくさん植《う》えられてきました。外国にはスギ花粉症はありません。けれども、それぞれの国の植物で起こる花粉症があります。イギリスではイネ科の牧草《ぼくそう》のカモガヤ、アメリカではブタクサになやまされる人が多いそうです。

日本国民《こくみん》の3人に1人が花粉症という状況《じょうきょう》ですが、ではスギの木をみんな切ってしまえばいいかと言うと、森林全体《ぜんたい》の保護《ほご》を考えるとき、そのような単純《たんじゅん》な解決策《かいけつさく》では立ち行きません。ですから、まずは、花粉の少ないスギや、花粉飛散防止剤《ひさんぼうしざい》の開発《かいはつ》が進められているところです。

ようこさん つまり、雲のように見えるのはスギの花粉で、スギのオバナが、花粉症の原因になる花粉を2月から4月頃にいっせいにたくさん飛ばす。風にのせてメバナに花粉を届《とど》けるので、メバナにたどり着けず無駄になる分を見越して、たくさんの花粉を飛ばすってことだね。

りおんさん 生《い》き物《もの》は子孫《しそん》を残《のこ》すために工夫《くふう》をしているんだ。

問い 魚のマンボウは一度に2億《おく》から3億もの卵《たまご》を産《う》むそうです。それでも、大人《おとな》のマンボウになれるのは、そのうちの1～2匹《ひき》だそうです。魚は数え切れないほどの卵を産みます。身近《みぢか》な魚の卵の数はどのように数えられるでしょうか。

答え 例《たと》えば、ご飯《はん》のお供《とも》、たらこを用意《ようい》します。たらこの粒《つぶ》は、スケトウダラという魚の卵です。細長いかたまり2本で一まとまり（一はら）になっているので、まず、たらこをうすい皮《かわ》の中から出してみましょう。１グラムはかりとって卵の数を数えようと試《ため》してみてください。あまりに多くて、ちょっと無理そうですね。では、耳かき一杯《ぱい》ほどだったらどうですか。ものすごくがんばれば数えられるかもしれません。たぶん、５００とか１０００とか、大変《たいへん》な数でしょう。そうしたら、今度《こんど》は残りの卵が耳かき何杯分かを数えます。たらこの大きさにもよりますが、１００杯とか、２００杯、そんな大きな数字だと思います。そうしたら、卵の個数と杯数をかけて、たらこ全体の卵の数を予測《よそく》できます。万の単位《たんい》の大きな数でしょう。細かすぎるので正確《せいかく》に測《はか》れませんから、千以下の細かい数字は切り上げます。さあ、これがスケトウダラが１回に産む卵の大まかな個数です。

容器《ようき》の形で違《ちが》って見える水の量《りょう》。プールの水と消防自動車《しょうぼうじどうしゃ》が積《つ》んでいる水は、どっちが多い？

SDGs《エスディージーズ》の目標《もくひょう》には「安全《あんぜん》な水とトイレを世界中《せかいじゅう》に*」というものがあります。日本には充分《じゅうぶん》な量の水があり、水道は地下に広くはりめぐらされていて、飲《の》み水に困《こま》る地域《ちいき》はありません。水は日々、さまざまな場面《ばめん》で大量に使《つか》われています。ふだん、その量については、あまり意識《いしき》していません。ここでは、それを考えてみましょう。

せいやさんは、理科室の水そうの水かえをしています。半分に減《へ》らした水を元通り入れるために、大きなビーカーいっぱいに水をくんで、水そうに入れました。

「全然《ぜんぜん》足りない。」せいやさんはブツブツ言いながら、辺《あた》りを見回し、大きなビーカーよりずっと大きく見えるプラスチックボウルに水をいっぱいためて、また、水そうに入れました。

「これでも足りない。すごくいっぱい入れたつもりなんだけどな。」

今度《こんど》は流《なが》しのバケツいっぱいに水を入れて、足してみました。

「やっと、増《ふ》えた気がするよ。あと、三杯《ばい》くらいは入りそうだな。」そんなせいやさんの声を聞きつけたまどかさんが、水そうの中をのぞきこみました。

「この水そう、けっこう大きいよね。上から見た面積《めんせき》が、この流しの半分くらいはある感《かん》じがしない？　それに比《くら》べてバケツは流しに置《お》いてもじゃまにならないくらい小さいし、水をいっぱい入れて注《そそ》いでも、水そうの四角い面全体に広がっちゃえば、それは、そんなにたまらないと思う。」

「まあ、それはそうだね。体積は『底面積《ていめんせき》×高さ』か。水は容器次第《しだい》で形が変わるから、思っている必要《ひつよう》な量と違うこともあるなぁ。」

せいやさんのその言葉《ことば》に、「そういえば」と、まどかさんは思い出しました。「学校のプールに入る水は、お家のお風呂《ふろ》の5年分とか、２０００杯《はい》分だとか、いろいろ読んだことがあるけど、そんなに入っているんだね。」

「確《たし》か４５０立方メートルくらいだったよ。前、算数の授業《じゅぎょう》で計算した。でも、そんな数字だと、多いのかどうか、あんまりピンとこなかったんだよね。今のまどかさんの言い方を聞くと、多いってよくわかるな。うまい表現《ひょうげん》だよね、何かの何杯分みたいに、知ってるものに例《たと》えるのって。」

「うん。そうね。でも、実《じつ》はその話を聞いたとき、２０００杯って言っても、すごく多いとしか思えなくてね……。」

まどかさんはそう言うと、せいやさんの手元のバケツを指《ゆび》さしました。

「このバケツ、２０００個《こ》並《なら》べたら、どのくらい場所《ばしょ》をとると思う？」

バケツを見て、辺りを見回したせいやさん。

壁《かべ》の端《はし》から端までを指さして、「この間に20個は並ぶね。」と言いました。それから、天井《てんじょう》までを指さして、「縦《たて》には10個並ぶかな。だから、この壁の面に２００個並べられるってことになる。２０００はその10倍《ばい》だから、あの机《つくえ》の端くらいまでなら10個並ぶかな。」そう言って、バケツの並んだようすを立体的に想像《そうぞう》して、首を動かして見回してみました。

「けっこう、広い……。」

「そうなの。バケツ1個がお風呂1杯分として考えてみても、こんなにプールって広いのかなって、びっくりしない？」

「ちょっと驚《おどろ》いた。このバケツに置《お》きかえて考えてみて実感した。自分で思う以上《いじょう》に、想像した量と本当の量が違ってる。」

　水は液体《えきたい》なので、形を自在《じざい》に変《か》えることができます。重力《じゅうりょく》で下に流れ、受《う》け止めるものの形に収《おさ》まり、表面は必《かなら》ず水平《すいへい》になります。小さな穴《あな》でも通り抜《ぬ》け、圧力《あつりょく》がかかれば、吹《ふ》き上がります。このような性質《せいしつ》は、自然界《しぜんかい》で、水が斜面《しゃめん》を流れ下って川となり、

くぼみにたまって湖《みずうみ》や池になり、地下深くまでしみ込んでいき、逆《ぎゃく》に水源《すいげん》では水が湧《わ》く様子《ようす》からも観察《かんさつ》できます。

人が水を利用《りよう》するときも、これらの性質《せいしつ》を利用します。水力発電《すいりょくはつでん》は流れ下る水の力を利用します。また、水を貯水《ちょすい》そうにため、シンクにため、コップに注《そそ》ぎます。学校のプールのように、大量の水をためておくには、広く深《ふか》い場所が必要《ひつよう》です。ストローで吸《す》い上げ、ホースで水をまき、噴水《ふんすい》から水を吹き出させます。

さて、日常生活《にちじょうせいかつ》で大量の水を利用する場面《ばめん》の一つが、火事《かじ》を消すときです。

消防車のタンクはとても大きいように感《かん》じますが、学校のプールに比《くら》べると小さいだろうと想像できるでしょう。どのくらい小さいでしょうか。車の種類《しゅるい》によって違いますが、1~10立方メートル程度《ていど》の水しか積めません。消防車のホースから飛《と》び出した水は50メートルくらい飛ぶようなすごい勢《いきお》いの放水《ほうすい》なので、3~5分程度でなくなります。

ですから、ふつうの消防車は、水を積んでいません。消防車は、火事の現場《げんば》にかけつけたら、近くの消火栓《しょうかせん》や川、それこそ学校のプールなど、大量の水があるところから、ポンプを使《つか》って水をくみ上げて、火を消すのです。身近《みぢか》で消火栓を探《さが》してみましょう。きっと、あちらこちらで見つかることでしょう。消火栓は、水道《すいどう》の本管《ほんかん》と直接《ちょくせつ》つながっています。消防車が消火栓から放水すると、そのあたりではたくさんの水が必要になります。そのため、水道局《すいどうきょく》の水管理センターは二十四時間、水の流れを見はっていて、いざというときに対応《たいおう》できるように準備《じゅんび》しています。他《ほか》に防火用水を地下にためておく防火水《ぼうかすい》そうもあります。

せいやさんとまどかさんは学校のプールの水が大量であることに驚きました。それと同時に、話しているうちに、水泳《すいえい》の授業《じゅぎょう》で使う以外《いがい》に、いざというとき、消火や、災害後《さいがいご》に活用できるものだとも気がつきました。一方で、屋外《おくがい》プールは衛生面《えいせいめん》できれいに保《たも》つのが大変《たいへん》だったり、昔《むかし》とは気候《きこう》が変わってきて、夏が暑《あつ》くなりすぎて使いにくかったりと欠点《けってん》も出てきました。利用する回数が少ないと、ほかの施設《しせつ》を借《か》りて利用できるところでは、そのほうが便利《べんり》です。現在、学校の屋外プールは減《へ》ってきています。

大量の水はためておくにも、放水するのにも、時間や注意《ちゅうい》が必要です。また、ためるための場所を作るのも、ためたものを保持《ほじ》するのにも、安全上の工夫《くふう》が要《い》ります。皆《みな》さんも、大量の水をどのようにため、どのように使っているか、ふだんから意識しておくようにしましょう。そして、貴重《きちょう》な水を無駄《むだ》なく、大切に使いましょう。

問い 東京の地下には、急《きゅう》な豪雨《ごうう》のとき、雨水を大量に流し込《こ》んでためて、街《まち》が洪《こう》水《ずい》にならないようにする設備があります。その中の一つは、最大《さいだい》で540000立方メートルの水をためることができるそうです。プールを450立方メートルとすると、何倍《ばい》の大きさといえるでしょう?

答え 1200倍。これだけの数のプールが並《なら》ぶ大きさを想像してみてね。(神田川《かんだがわ》の洪水を防ぐための環状七号線地下調節池《かんじょうななごうせんちかちょうせつち》が、この大きさです。)

＊この目標《もくひょう》については第《だい》1巻《かん》の114ページと170ページを参照《さんしょう》。

巨《きょ》大《だい》なエネルギー。コンセントにプラグをつなぐと、すぐに電気が流《なが》れるのはなぜ？

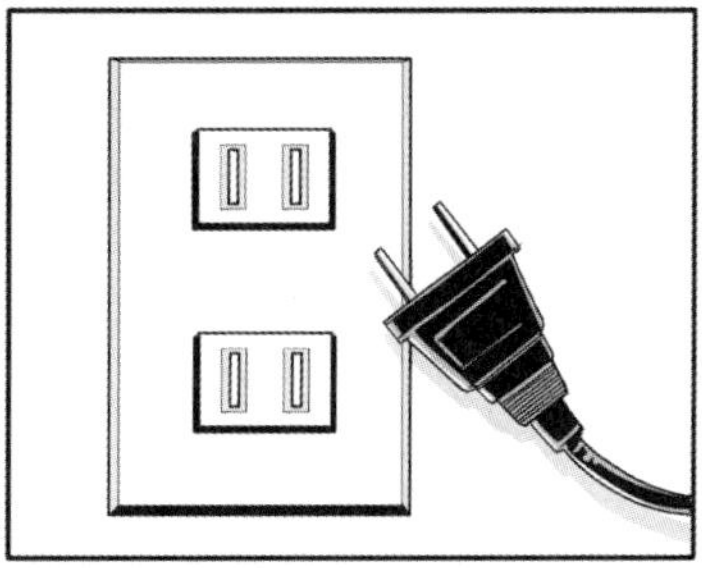

みゆきさんの学校では、校外学習《こうがいがくしゅう》で発電所《はつでんしょ》を訪《おとず》れました。案内《あんない》の人が、説明《せつめい》を始《はじ》めました。

「皆さん、発電所にようこそ。

まずは、電池に導線《どうせん》をつなぐと電気が流れるしくみを考えてみましょう。電池は、中に入っている金属《きんぞく》が変化《へんか》して、プラスの電気が集《あつ》まったところがプラス極《きょく》、マイナスの電気が集まったところがマイナス極になります。プラスとマイナスの電気は、ふつうは物《もの》の中に同じ数ずつあって、ないのと同じ状態《じょうたい》になっています。それが、電池の中では、プラスとマイナスが分かれて、両端《りょうはし》に違《ちが》いができるのです。」

「質問《しつもん》です。電池に豆電球《まめでんきゅう》を導線でつなげると、明かりがつくのはなぜですか。」

「いい質問ですね。豆電球をつなぐと電池の中の電気が、プラス極から豆電球を通ってマイナス極へと流れます。けれども、豆電球は電気をよく通すかというと、実《じつ》はそうではありません。明るく輝《かがや》く、フィラメントの部分《ぶぶん》は、電気の流れをじゃまするものでできています。じゃまをされて通りにくい電気は、無理《むり》に通ろうとするときに、熱《ねつ》と光を出します。つまり、電池が作る電気のエネルギーを、光や熱のエネルギーに変《か》えるのが豆電球といえます。

そして、導線のように電気をよく通すもので、電池のプラス極とマイナス極を直接《ちょくせつ》つなぐと、じゃまをするものがないので一気

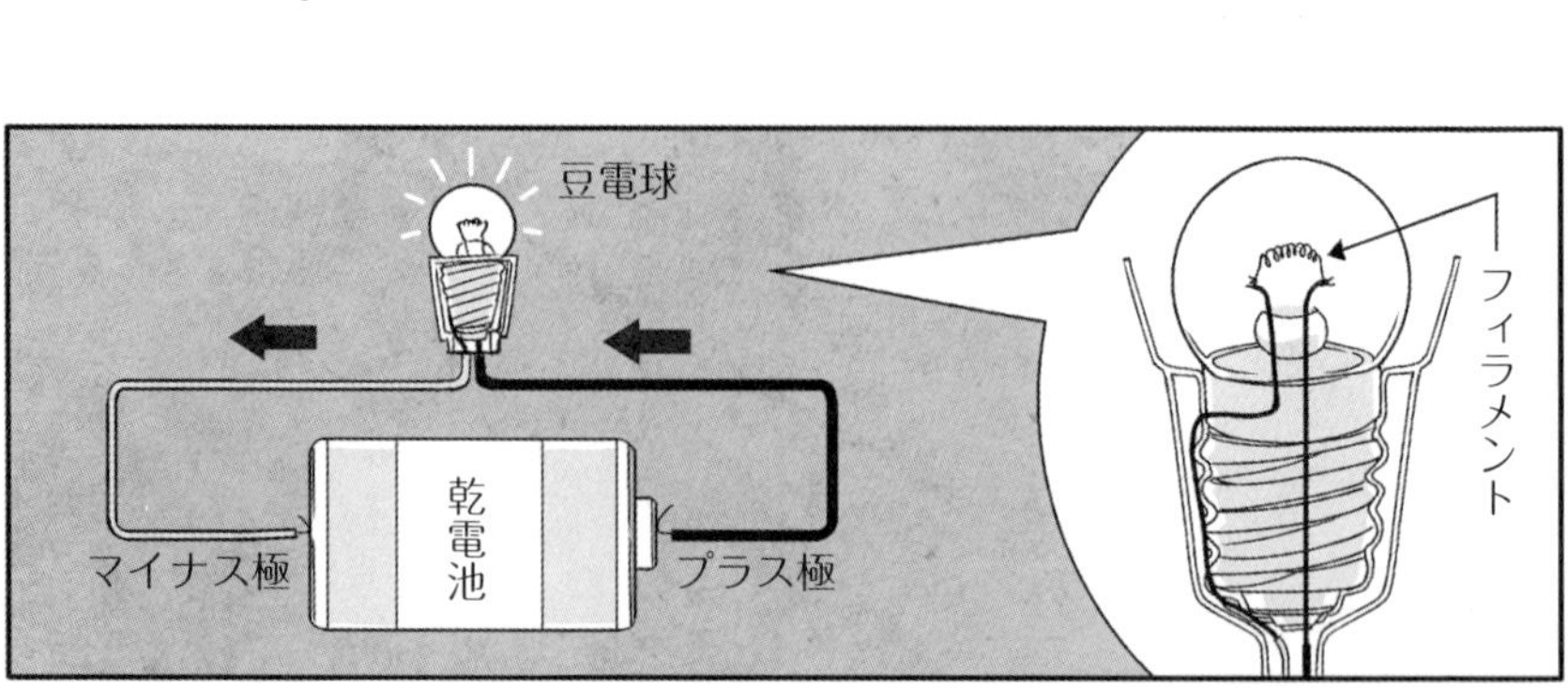

に電気が流れます。電池の電気は量《りょう》が少ないので、すぐに危《あぶ》なくなるわけではありませんが、電池はどんどん熱くなっていきます。このようなつなぎ方をショートといいます。ショートした状態が続くとたいへん危険《きけん》ですから、うっかりショートするつなぎ方をしないように十分気をつけましょう。」

「はあーい」みゆきさんたちは声をそろえて返事《へんじ》をしました。

「ところで、乾電池《かんでんち》には、単《たん》1、単2、単3、単4と、太いものから細いものまで、大きさがいろいろあります。電気製品《せいひん》によって、どれが使《つか》えるか、決《き》まっています。この4種類《しゅるい》では、電池の大きさに関係《かんけい》なく、どれも1・5ボルトという強さの電気です。

電池に比《くら》べて、遠くの大きな発電所で作られる電気の強さは、何万、何十万ボルトです。これを、送電線《そうでんせん》で各地《かくち》に送り出しています。途中《とちゅう》で何度《なんど》も、変圧器《へんあつき》という機械《きかい》を使って強さが下げられ、最後《さいご》に、道路《どうろ》わきの電柱《でんちゅう》の上にある変圧器で、100ボルトか200ボルトにされて、家庭《かてい》のコンセントにたどり着《つ》きます。このようなめんどうなことをするのは、電気を運《はこ》ぶ距離《きょり》が長いため、途中の送電線で失《うしな》われる電気を少なくするためです。強い電気のほうが、失われにくいのです。」

「質問《しつもん》です。どうして電気を作る発電所は遠いのに、スイッチを入れたらすぐに明かりがつくのですか。」

「また、いい質問ですね。実《じつ》は、コンセントにプラグを差《さ》し込んだ瞬間《しゅんかん》に、発電所から電気が送られてくるわけではないのです。プラグを差し込むまで、電気はずっと、送電線の中で静《しず》かに待《ま》っているのです。プラグが差し込まれたとたんに

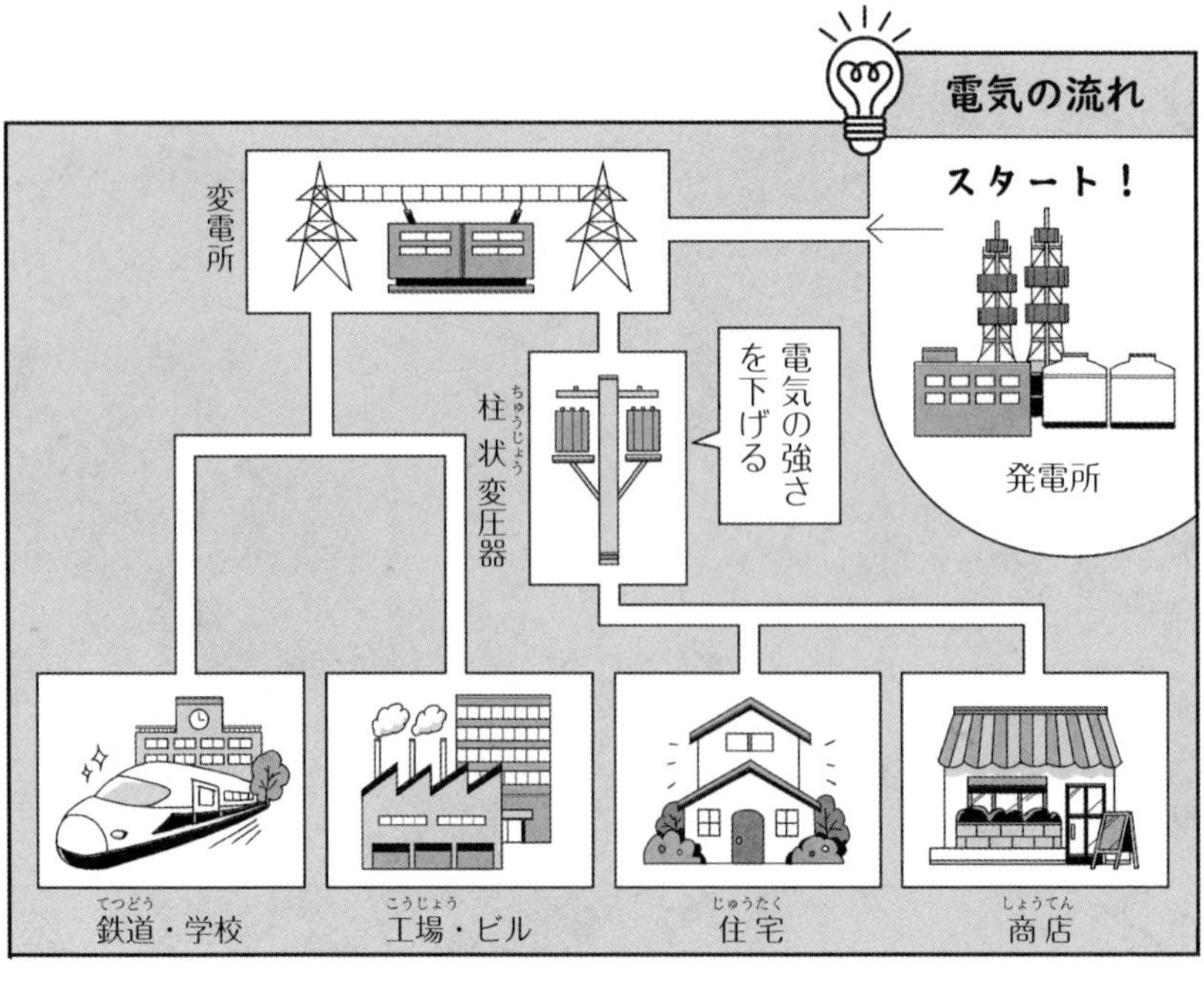

電気の通り道がつながって、送電線の中の電気が一気に動《うご》き始《はじ》めます。それで、スイッチを入れてすぐに明かりがつくのです。

ところで、コンセントにつなぐものはどんなものがありますか。

「電気スタンド、ヘアードライヤー、掃除機《そうじき》……。」

「電気スタンドは、電気を光のエネルギーにしています。ヘアードライヤーは、電気を熱のエネルギーにして髪《かみ》を乾《かわ》かしますね。掃除機は、モーターの回っているゴーッという音が聞こえませんか。電気が、モーターを回す動きのエネルギーに変わっています。

コンセントには、乾電池の70倍《ばい》近い、強い電気がきています。それでも、コンセントにつなげるものはみな、電気のエネルギーを利用するために、電気の流れをじゃまするものが使われているので、危険《きけん》がないのです。コンセントの二つの穴《あな》を、電気をよく通すもので直接《ちょくせつ》つないだりすると、途中で電気を利用《りよう》するもの、つまり、じゃまするものがないので、一度《いちど》にたくさんの電気が流れることになり、とても危険です。

それは乾電池の比《ひ》ではありませんので、コンセントに何かを入れたりすることは絶対《ぜったい》にやめましょう。」

「はい！」

それでは、発電所の見学を続《つづ》けましょう。

問い 節電《せつでん》が呼《よ》びかけられているのはなぜか、SDGs《エスディージーズ》の目標《もくひょう》のどれと関《かか》わるかを調《しら》べてみましょう。*

答え 「エネルギーをみんなに　そしてクリーンに」「海の豊《ゆた》かさを守《まも》ろう」「陸《りく》の豊かさも守ろう」

*発電とエネルギーについては第《だい》1巻《かん》の163ページを参照《さんしょう》。

とてもとても長い距離《きょり》。月までの距離は どうやって測《はか》るの？

月子　お月様《さま》って、夜空の星の中でいちばん大きくて、手を伸《の》ばしたら届《とど》きそうな気がするんだけど……。

うさ太郎《たろう》　いやいや、かなり遠い気がするよ。

月子　じゃあ、どのくらい遠くなのか、どうやって測るの？

うさ太郎　ロケットにメジャーを付《つ》けて、月まで飛《と》ばすとか。

月子　まさかね。

二人といっしょにお月見団子《だんご》をほおばっていたうさこ先生が教えてくれました。

うさこ先生 昔《むかし》は、月までの距離は、見える角度《かくど》や、ほかの星との位置関《いちかん》係《けい》で計算していました。この方法《ほうほう》でも、かなり正確《せいかく》に求《もと》めることができます。けれども、今は光や電波《でんぱ》を使《つか》います。壁《かべ》にぽーんとボールを投《な》げると、はね返《かえ》ってこちらに戻《もど》ってきます。光も鏡《かがみ》に垂直《すいちょく》に当たると、反《はん》射《しゃ》してそのまま同じ道筋《みちすじ》を返《かえ》ってきます。反射は距離を測るのに便利《べんり》な現象《げんしょう》です。鏡は当たった光のほとんどすべてを反射して、あまり光が弱まることなく進《すす》みます。

リトロリフレクター
（レーザー反射鏡）
反射！
レーザー光
光の速さは秒速約《びょうそくやく》30万キロメートル、レーザーの光の往復《おうふく》には約2・5秒かかったから……

１９６９年に人類初《じんるいはつ》の月面着陸《げつめんちゃくりく》を成功《せいこう》させたアポロ11号《ごう》は、月面に鏡を置《お》いてきました。この鏡は約《やく》50センチメートル四方の箱《はこ》に、４センチメートル角の１００個《こ》の反射鏡がずらりと並《なら》んでいる、リトロリフレクターというものです。これを利用《りよう》すると、光を出した方向《ほうこう》に正確に反射させることができます。

測定には、レーザー光を使います。レーザー光というのは、ふつうの明かりの光のように、あたりに散《ち》らばってしまうことがなく、すべての光が一定《いってい》の方向にまっすぐ進む性質《せいしつ》があります。そのため、月のように遠い場所《ばしょ》まででも、光が一点に向《む》かって進み、鏡でそのまま反射されます。つまり、地球《ちきゅう》から出て、月の鏡で反射された光を、もう一度、地球の同じ場所で受《う》け止めることができるというわけです。もちろん、地球や月が動《うご》くことを考えに入れなければなりませんが。

そのときにかかる時間を正確に測定することで、地球から月の鏡までの距離を求めることができます。その平均《へいきん》距離はおよそ38万キロメートルです。

金星や火星などの場合は、地球から電波を送《おく》り、それが反射されて戻ってくるまでの時間を測っています。この方法は月にも使えます。

では、もっと遠い星々の場合はどうしているのでしょう。遠い星の中でも、まだ地球に近い星では、地球が太陽《たいよう》の周《まわ》りを公《こう》転《てん》して位置が変《か》わるときに、近くの星が遠くの星より大きく位置を変えて見える現象を利用していました。これを年周視差《ねんしゅうしさ》と呼《よ》びます。

月子さん、うさ太郎さん、目の前に自分の親指《おやゆび》をかざして、片《かた》方《ほう》の目《め》を閉《と》じてみてください。親指の背景《はいけい》に何が見えるか覚《おぼ》えたら、反対側《はんたいがわ》の目だけにして見てみましょう。親指の位置がずれて、背景に見えるものが違《ちが》う場所にずれて見えます。

月子　ホントだ!

うさこ先生　今度は、腕《うで》をのばして、親指をもっと体から離《はな》してやってみてください。目の前に親指を置《お》いたときほどは、大きくずれて見えません。

うさ太郎　その通りです！

うさこ先生　今、試《ため》したことは、太陽をはさんで地球が反対側にあるときの、地球からの星の見え方を意味《いみ》します。近くにある星ほど背景の遠い星空の中で、大きく位置を変えるように見えるのです。この見え方のずれを測るのが、年周視差を利用した、星までの距離の測り方です。この方法が使えない場合、星の出す光の色から推定《すいてい》していく方法があります。

問い　星の出す光の色で、星までの距離を推定する方法とは、どんな方法か調《しら》べてみましょう。

答え　地球から遠くなるほど、届《とど》く光は弱くなるので、本来の星の色よりもゆったりとした赤っぽい色になる。どのくらい赤っぽいかで、その星までの距離がわかる。

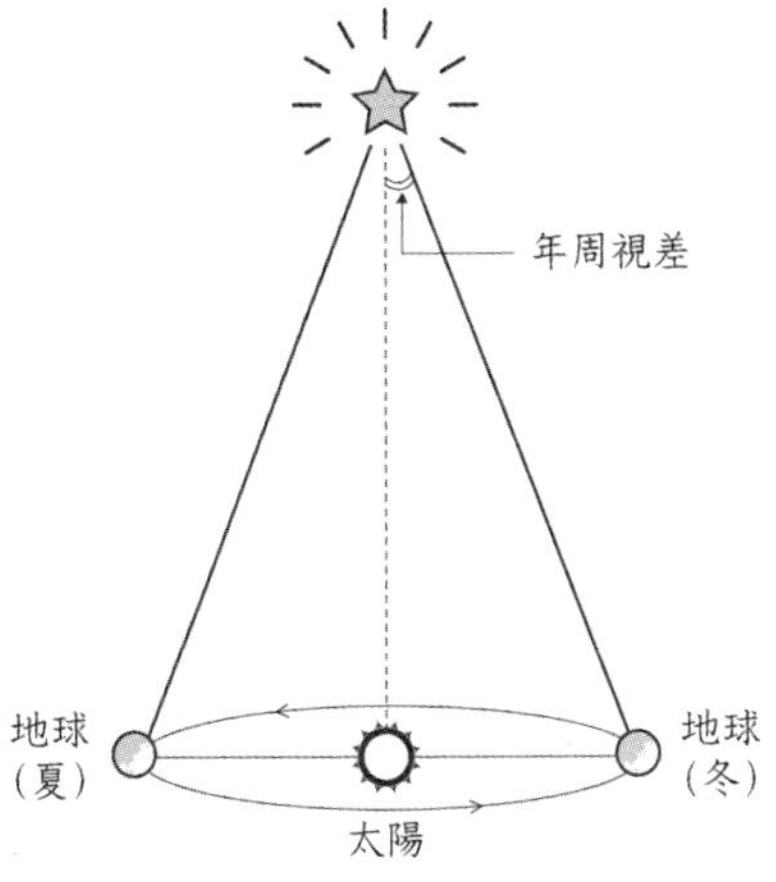

ボールを勢《いきお》いよく投《な》げ上げても必《かなら》ず落《お》ちてくるのに、発射《はっしゃ》された宇宙《うちゅう》ロケットはどうして落ちてこないの？

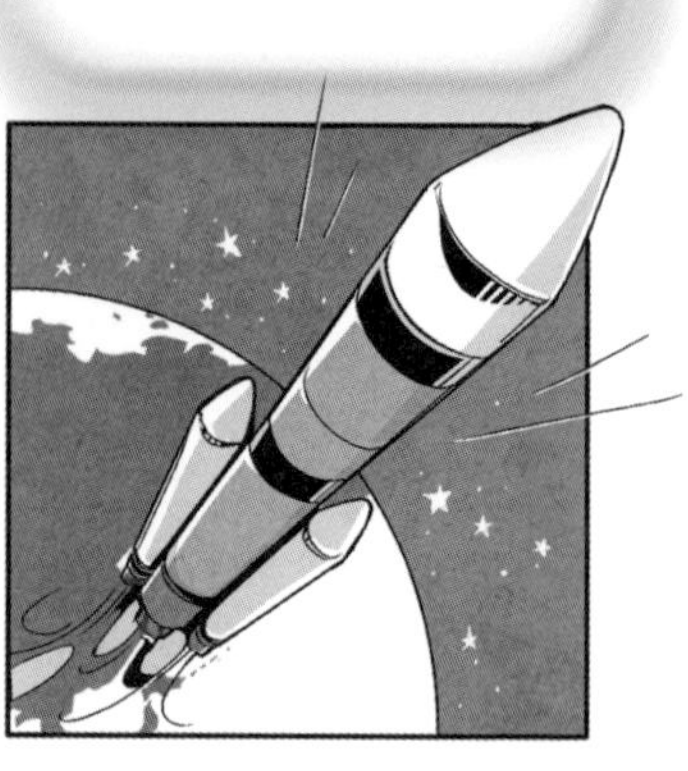

りかさんは、テレビで、宇宙ロケットの発射の様子《ようす》を見ていて、どうして、打《う》ち上げられたロケットが落ちてこないで宇宙に行けるのか、不思議《ふしぎ》に思いました。そこで、科学館《かがくかん》に行って係《かかり》の人に聞いてみました。

「ようこそ、宇宙科学館へ。りかさん、たいへんいい質問《しつもん》ですね。では、展示物《てんじぶつ》を見ながらお話ししましょう。

まず、ボールを投げ上げるときと同じように、ロケットにもはじめにスピードを与《あた》えなければなりません。同じロケットでも、ここに模型《もけい》がある、気象衛星《きしょうえいせい》『ひまわり』やスペースシャトルのように、地球《ちきゅう》の周《まわ》りをぐるぐる回る場合と、あちらに模型がある探査機《たんさき》『はやぶさ』のように、地球から離《はな》れていく場合では、必要《ひつよう》なスピードが異《こと》なります。地球をぐるぐる回るために必要なスピードを第一宇宙速度《だいいちうちゅうそくど》、地球を飛《と》び出すのに必要なスピードを第二宇宙速度といいます。

まず、第一宇宙速度は、17世紀《せいき》に万有引力《ばんゆういんりょく》を発見《はっけん》したニュートンがすでに計算していました。りかさん、この台に上がって、まずはボールを真横《まよこ》に投げてみてください。少し先のほうに落ちましたね。ボールは、真横に進《すす》みながらも重力《じゅうりょく》が働《はたら》いて落っこちていきます。

もし、重力がなければ、地球を出て宇宙までまっすぐ飛んでいくはずです。これは、一度動《いちどうご》き出したものは、止める働きがない限《かぎ》り、そのまま動き続《つづ》けるという、慣性《かんせい》の法則《ほうそく》によるものです。

では、今度《こんど》はさっきよりも、もっと勢《いきお》いをつけて思いっきり投げてください。ただし、あくまでも真横にです。ずいぶん先のほうに落ちましたね。重力があっても、思いっきり投げれば投げるほど、遠くまで飛んで落ちます。ニュートンは、どんどん投げる速さを増《ま》していけば、落ちるまでに進む距離《きょり》がどんどん増して、ついには、次《じ》ページのイラストのように、ボールは落ちることなく、地球の周りをぐるぐる回りだすと考えたのです。

また、ぐるぐる回るためには、回る中心に向《む》かって引っ張《ぱ》る力が必要です。ハンマー投げを想像《そうぞう》してみてください。重《おも》い鉄球《てっきゅう》についたワイヤーを持《も》って引っ張っている間は、鉄球はぐるぐる回っています。ロケットを地球の中心に向かって引っ張る力は、重力です。

第一宇宙速度は、これらのことを考えて計算ができるのですが、高校生でないとできない難《むずか》しい計算です。そこで、結果《けっか》だけお話しすると、秒速約《びょうそくやく》8キロメートルになります。時速に直すと2万8800キロメートルですから、新幹線《しんかんせん》の100倍《ばい》ほどの速さです。ニュートンによって、第一宇宙速度の計算はできましたが、ニュートンの時代《じだい》の17、18世紀には、実際《じっさい》にその速さで飛ぶことができるロケットを作ることは不《ふ》

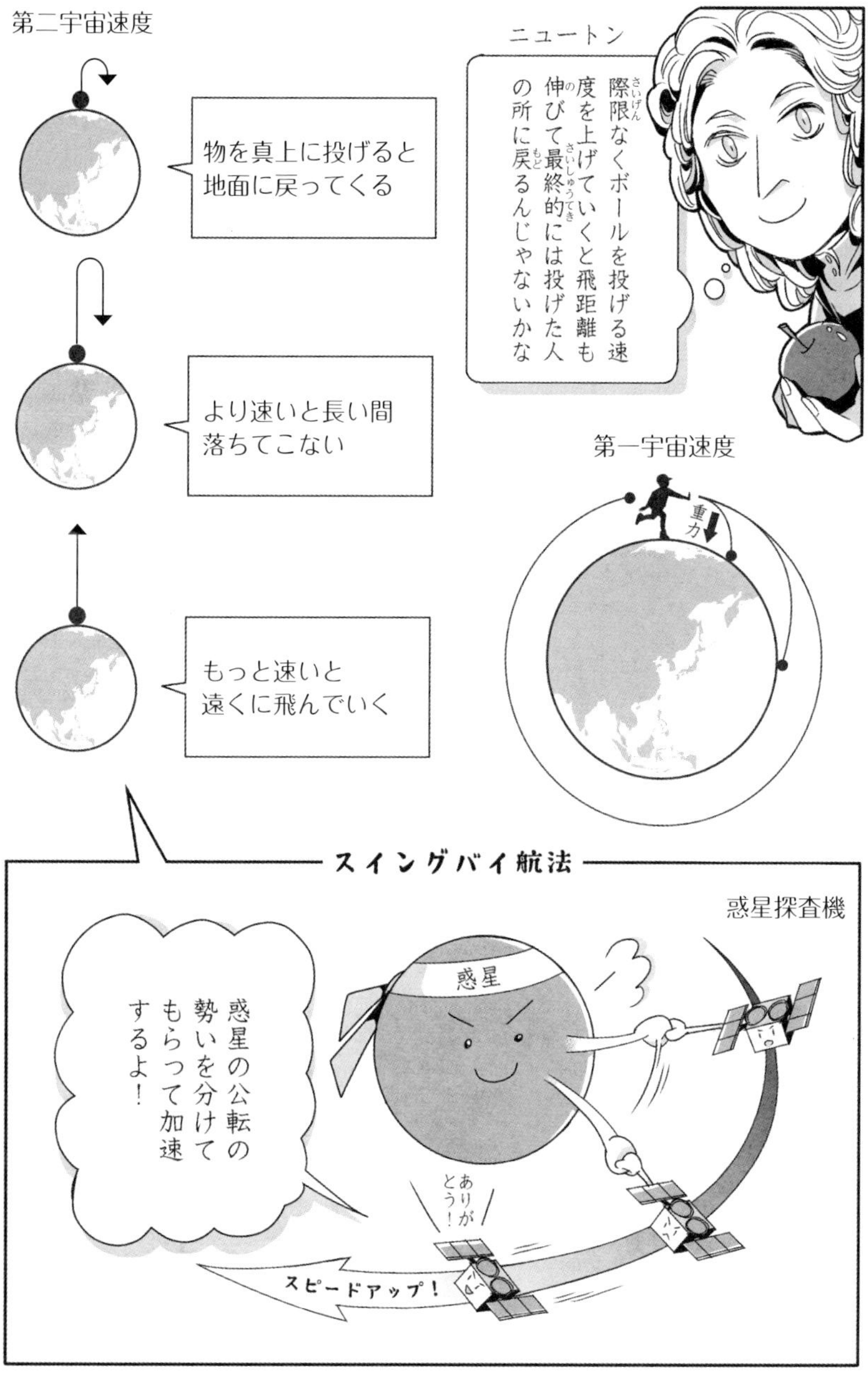
ニュートン
際限《さいげん》なくボールを投げる速度を上げていくと飛距離も伸《の》びて最終的《さいしゅうてき》には投げた人の所に戻《もど》るんじゃないかな
第二宇宙速度
物を真上に投げると地面に戻ってくる
より速いと長い間落ちてこない
もっと速いと遠くに飛んでいく
第一宇宙速度
重力
スイングバイ航法
惑星探査機
惑星
惑星の公転の勢いを分けてもらって加速するよ!
ありがとう!
スピードアップ!

可能《かのう》だったので、宇宙ロケットの実現《じつげん》は20世紀まで待《ま》たなければなりませんでした。

次に、第二宇宙速度ですが、りかさん、今度はボールを真横にではなく、真上に放《ほう》り上げてみましょう。そうですね。ボールは真上に放り上げると、上がるにつれてどんどん遅《おそ》くなって、ついには、いったん止まって今度は落っこちてきます。はじめに放り上げる速さが速いほど、高く上がりますから、いったん止まるのが、宇宙のはるか彼方《かなた》になるくらい、スピードをつけて放り上げればいいわけです。この考えで計算すると、第二宇宙速度は秒速約11キロメートルになります。

また、地球の外に出られても、遠くまでいくのにはスピードが足りないとき、スイングバイ航法《こうほう》という、スピードアップする方法があります。地球をはじめ、太陽系《たいようけい》の惑星《わくせい》は太陽の周りを回っています。これを公転《こうてん》といいます。スイングバイ航法は、惑星の近くにいくことで、その公転の勢いを分けてもらうのです。これまでも、探査機の『ボイジャー1号《ごう》・2号』は、木星や土星のスイングバイで加速《かそく》して太陽系の外に行くことができました。『はやぶさ2《ツー》』の場合は、地球によるスイングバイで小惑星までたどり着《つ》けました。これらの加速を燃料《ねんりょう》で行うとなると、たいへんな量《りょう》になります。スイングバイ航法は、まったく燃料を使《つか》わないので、たいへん便利《べんり》なのです。

ロケットを宇宙に飛ばすことは、考え方の工夫《くふう》で可能になったのです。

りかさんが、ロケットに乗《の》って宇宙旅行《うちゅうりょこう》を楽しめる日もそれほど遠くないでしょう。」

「ありがとうございました。もし、宇宙に行くことができたら何ができるか、考えてみようと思います。」りかさんは係の人にお礼《れい》を言いました。

問い 日本が打ち上げた探査機「はやぶさ」を、もう一度同じ小惑星に着陸《ちゃくりく》させたかったら、前回と同じ速さで打ち出せばいいのかな？

答え 地球と小惑星の位置《いち》関係が変わってしまうので、同じ速さで打ち出しても、たどり着けるとは限《かぎ》らない。

無限《むげん》に近い広さ。宇宙《うちゅう》に果《は》てはあるの？

この質問《しつもん》には、できるだけ正確《せいかく》に答えようと思いますが、すっきりわかる答えではない、というつもりで読んでください。

宇宙は、はじめ、一つの点であったと考えられています。１３８億《おく》年前、その一点が揺《ゆ》らぎ、急激《きゅうげき》な膨張《ぼうちょう》が始《はじ》まったことを、ビッグバン（大爆発《だいばくはつ》）と呼《よ》んでいます。はじまりのビッグバンから、この宇宙は膨張を続《つづ》けているのです。かなり乱暴《らんぼう》な例《たと》えですが、私《わたし》たちの宇宙は、風船の表面《ひょうめん》のようなものです。そして、地球《ちきゅう》やほかの星々をのせたこの風船は、どんどん膨《ふく》らんでいるのです。

その膨張している先端《せんたん》のところから光が出たとすると、138億年かかって宇宙の中心にたどり着《つ》くといえます。この距離《きょり》を138億光年と表《あらわ》します。

では、宇宙の中心とはどこなのでしょうか。また、138億光年の先は、宇宙の果《は》てなのでしょうか。そこに一瞬《いっしゅん》で行けたとしたら、どんなところなのでしょうか。

宇宙の膨張に初《はじ》めて気づいた人はアメリカのハッブルという人です。

ハッブルは銀河《ぎんが》の観測《かんそく》を行い、銀河の出す光が本来の色よりも赤のほうにずれていることを確認《かくにん》しました。光は音と同じように波《なみ》の性質《せいしつ》を持《も》っていますが、色によってその波の揺《ゆ》れ方が違《ちが》います。虹《にじ》の七色で赤のほうがゆったり揺れて、紫に向《む》かうにつれてだんだん揺れ方が細かくなっていきます。色がゆったり揺れるほうにずれているということは、その色を出すものが遠ざかっている証拠《しょうこ》です。

ハッブルはまた、私たちの銀河系《ぎんがけい》から遠い銀河ほど、速《はや》く遠ざかっていることを発見しました。このことは、宇宙が均一《きんいつ》に膨張していることを示《しめ》しています。それまで、宇宙はずっと変《か》わらないと考えられてきたので、このことは大発見でした。ハッブルの功績《こうせき》をたたえ、１９９０年に打《う》ち上げられた宇宙望遠鏡《うちゅうぼうえんきょう》に彼《かれ》の名前がつけられました。

宇宙は風船の表面のようなものだとたとえましたが、この風船の上にいくつかの点をつけます。あなたはその点の上にいると想《そう》像《ぞう》してください。そうすると、どの点から見ても、どの方向にも同じように宇宙が広がっていますし、また風船が膨らむにつれて、点と点との間の距離は離れていくことが観察《かんさつ》できます。

さらに、点と点とが離れていく速さは、どの点を中心にしても、そのほかの点との距離に比例《ひれい》した速さになっているはずです。つまり、ある点にいる私から見て、近い点はゆっくり、遠い点は速く離れていきます。別《べつ》の点の上にいると考え直しても、やはり同じことが起《お》こります。そうすると、どの点を中心と考えてもよさそうですし、またどの点も中心とはいえない気もします。

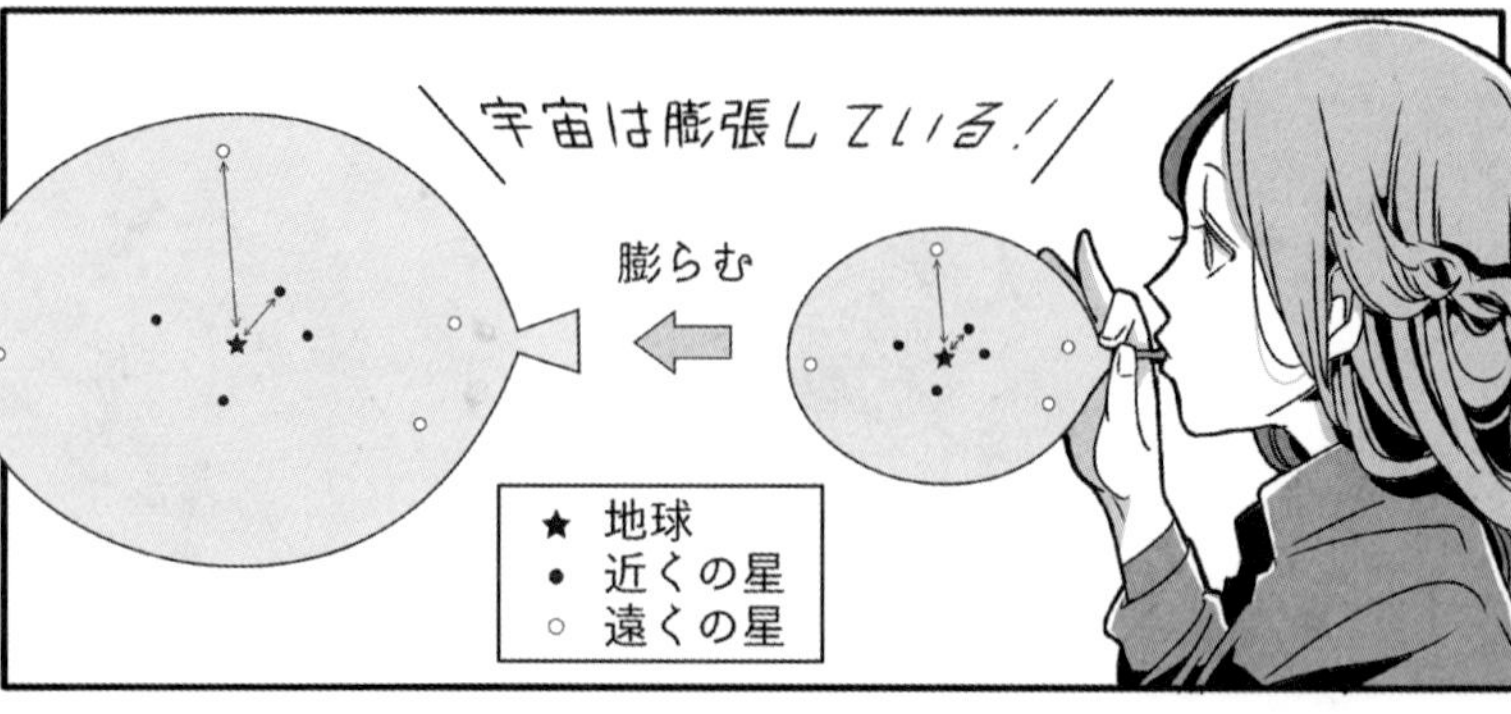

この膨らんでいく風船上の一つの点が、私たちの地球に当たります。地球から宇宙を観測すると、地球が宇宙の中心のように見えますが、宇宙のどこにいてもそう見えるのです。

そして、重要《じゅうよう》なのは、地上で観測しているほかの星は、星からの光が地球に届《とど》くまでにとほうもない時間がかかり、今見ているのが、はるか昔《むかし》の姿だということです。私たちが見えていると思っている星の世界《せかい》は、過去《かこ》の、ある空間の姿なのです。

宇宙の始《はじ》まりは138億年前であって、そのときのある一点は、今は存在《そんざい》しない点です。ですから、そこが宇宙の中心というわけではありません。今という時間のこの空間には、138億年前にあった空間は存在していないのです。

このように、宇宙を考えるには、空間と時間をいっしょに考えていかなければならないので、身《み》の回りの世界のように簡単《かんたん》にはイメージできません。

ですから、私たちの見ている宇宙は有限《ゆうげん》だけれども、果てがないのです。そして、宇宙に中心はなく、どこでもが中心になれるのです。つまり、138億光年の先に行っても、地球で見るのと同じ宇宙が138億光年先まで広がっているはずなのです。

「天の川」って、星の集《あつ》まりだって聞いたことがあるけれど、いったい何個《こ》の星が集まってできているの？

たろう　やっぱり、山の上は星空がきれいに見えるね！

じろう　天の川は星が集まって川のように見えるそうだけど、何個くらい集まっているのかなあ。数えた人は、いるのかなあ。

いっしょに星空を見上げていた天文台のお兄さんが教えてくれました。

お兄さん　最近《さいきん》は天の川が見えるほど、きれいで暗《くら》い空はかぎられていて、都会《とかい》ではまったく見えませんね。夏から秋の空に見られる天の川は、天頂《てんちょう》よりは北天に近いほうに、ほぼ東西に流《なが》れていて、白いぼやぼやしたかすみの帯《おび》に見えます。

天の川には世界中《せかいじゅう》でさまざまな呼《よ》び名が与《あた》えられています。ミルキィウェイというのは有名《ゆうめい》ですが、白象《ぞう》の道、鳥の道など、動物《どうぶつ》たちの道と呼ばれていることも少なくありません。また、精霊《せいれい》の道、魂《たましい》の道、のように、人の生死《せいし》にもかかわるような神秘《しんぴ》的《てき》な呼《よ》び名もついています。

宇宙《うちゅう》には、恒星《こうせい》と呼ばれる、自分で光や熱《ねつ》を出している星がたくさんあります。私《わたし》たちが住《す》む地球《ちきゅう》がある太陽系《たいようけい》の太陽もその一つです。そんな恒星が1000億個以《い》上《じょう》集まって、平《ひら》たい凸《とつ》レンズ型《がた》の渦巻《うずま》きを作っているのが天の川銀河《ぎんが》です。天の川銀河の直径《ちょっけい》は10万光年（1光年は光が1年かかって届《とど》く距離《きょり》のこと）というとほうもない大きさです。銀河の渦の中心部分《ぶぶん》には「棒《ぼう》」のような真《ま》っすぐな構造があり、その周《まわ》りには巻きつくような「腕《うで》」があります。この「腕」のあたりに地球があるので、星がたくさん密集《みっしゅう》している中心部分のほうが、天の川として白っぽく見えているのです。

では、銀河の大きさを計算してみましょう。

たろう　光の速《はや》さは、秒速《びょうそく》30万キロメートル、1時間が3600秒、1日が24時間で1年が365日だから、30万×3600×24×365は、約《やく》9・5兆《ちょう》キロメートルだ。これに10万をかけて……兆より大きい言い方ってあるの？

じろう　兆の1万倍《ばい》は京《けい》だから、9・5兆キロメートルに10万をかけて95京キロメートルということになるね。

お兄さん　二人とも、よく計算できたね。

では、さらに、宇宙全体《うちゅうぜんたい》では、銀河は何個くらいあると思いますか？

たろう　一つの銀河がそんなに大きいのなら、全部《ぜんぶ》で100個くらいかなあ。

じろう　いや、宇宙は広いからもっとあると思う。1万個くらい。

お兄さん　今、わかっている範囲《はんい》だけでも、2兆個程度《ていど》あるといわれているんだよ。

たろう　一つの銀河に2000億個の恒星が集《あつ》まっているから、宇宙全体の恒星の数は、2兆×2000億で、えーっと、もう何ていうのかわからないや。

星の数といった、大きな数を表《あらわ》すには、0の数を別のところに書く方法《ほうほう》が便利《べんり》です。例《たと》えば、10は0が1個、100は0が2個、1000は0が3個です。その0の数を、右上に小さく書くのです。10は10^1、100は10^2、1000は10^3となります。半端《はんぱ》な数は、掛《か》け算で表せばよいのです。800は8×10^2、1500は1.5×10^3といった具《ぐ》合《あい》です。光の速さは秒速3×10^8メートル、銀河系《ぎんがけい》の大きさは9.5×10^{17}キロメートルと書けます。この書き方だと、世界中の人がわかるので、たいへん便利です。

それでは、恒星の数の計算ですが、億は0が8個、兆は0が12個ですから、掛け合わせると0が20個になります。つまり、2兆×2000億は、4000×10^{20}です。さらに1000を10^3とすれば、4×10^{23}となり、これだけの数の恒星があるとわかります。ただし、先ほど言ったように、あくまでもわかっている範囲だけです。わかっている範囲というのは、51ページでお話しした138億光年の内側です。138億光年の外にも星があるらしいのですが、残念《ざんねん》ながら私《わたし》たちが観測《かんそく》できるのは138億光年までです。

さらに、それぞれの恒星の周《まわ》りを回る惑星《わくせい》の存在《そんざい》も忘《わす》れてはいけません。私たちの地球もそうですから。一つの恒星の周りをいくつかの惑星が回っています。惑星の周りを回る月のような衛星《えいせい》もあります。そう考えると、宇宙にある星は、やはり限りなく無数《むすう》であると言えますよね。

問い 天の川は、世界のどの国からも見えますが、地球のお隣《となり》の火星からも、見ることはできるでしょうか。

答え 見える。天の川は太陽系より外にある星々の景色《けしき》だから、地球と同じ太陽系にある火星からも見ることができる。

2

小さな数の世《せ》界《かい》と理科

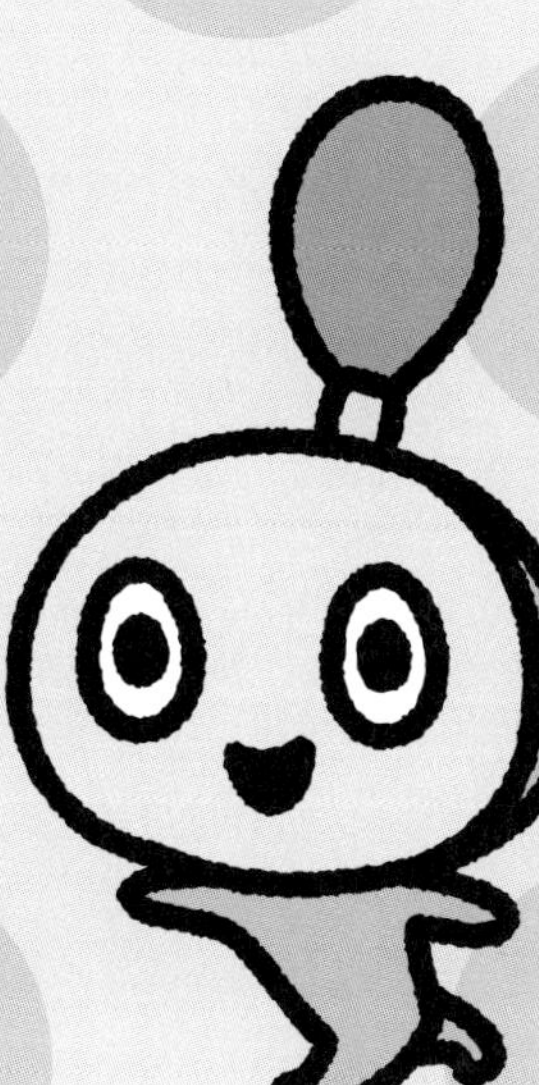

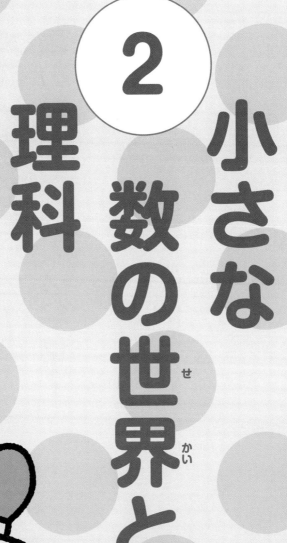

サクランボは一つ、メロンは数百。種《たね》の数が違《ちが》うのはなぜ?

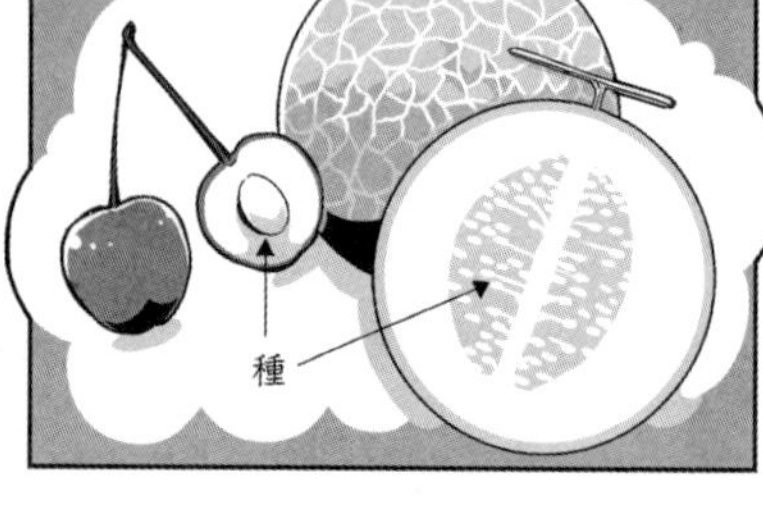

夏休みに自由研究《じゆうけんきゅう》でくだものの種の個数を調《しら》べていたスヨンさんは、なぜ、実《み》によって種の個数が違うのかを知りたいと思いました。

「サクランボは一粒《つぶ》に一つしか種を持《も》たないけれど、実は一本の木にたくさん実《みの》るわよね。木全体《ぜんたい》ではどのくらいなるのかな。」

スヨンさんはインターネットを使《つか》って、「さくらんぼ、一本、実の個数」など、思いつくキーワードを入れて、検索《けんさく》してみました。

「えっ、サクランボ農家《のうか》の成木《せいぼく》では、一本で5000個から1万個以上《いじょう》? それじゃあ、一粒に一つしか種が入っていなくても、全体では問題《もんだい》ないわけか。だとすると、メロンは一つの株《かぶ》（一つの根本から出ている量《りょう》のこと）に何玉実るのかな。メロンは確《たし》か、私《わたし》が調べたときで種は一玉に359個あったわ。」

今度《こんど》もスヨンさんは同じように検索していて、おもしろい記事《きじ》を見つけました。

「メロンの種って売ってるんだ。大根《だいこん》とかより高いのね。種を植えて苗《なえ》にして、育《そだ》てて、花が咲《さ》いたら受粉《じゅふん》して、あれ、あれ、できた実を取《と》っちゃうの？　そうか、立派《りっぱ》に育てるために、一玉にしぼって育てていくんだわ。」

そこで、スヨンさんは首をかしげました。売り物にするメロンは一玉だけ育てるにしても、自然《しぜん》ならもっと実がつくはずです。

「でも、実が多いと、一つひとつの実が小さくなるから、種も減《へ》るのかな。それでも、一玉で300個の種として、2玉か3玉くらいなら売り物にならなくても、なんとか育つんじゃないかな。だとしても一つの株《かぶ》に種は1000個くらい。サクランボに負《ま》けてるね。」

そこで、スヨンさんはもう一つのことに気がつきました。

「待《ま》った、サクランボの木に実がなるのは成木になってからだから、10年かかるのね！　寿命《じゅみょう》が40年くらいだとしたら30年間、例《たと》えば毎年5000個の実がなるとして、それを40年で割《わ》ったら、サクランボが芽《め》を出してから枯《か》れるまでに、一株で毎年3750個ずつ種ができる計算ね。メロンは、生えては枯れてしまうから、一年に1株、1000個くらい。種の数なら、やっぱりサクランボの方が多いけれど、きちんと芽が出るかとか、育ちやすいとか、いろいろ違うだろうから、どっちが有利《ゆうり》か、なんて、簡単《かんたん》には言えないか。」

スヨンさんは一人で納得《なっとく》して、ノートに自分の考えを書き出しました。

「時間をかけてしっかりした木になって、毎年たくさんの種を作って、鳥とかに遠くまで運《はこ》んでもらうのがサクランボ。簡単に芽を出して、茂《しげ》って、すぐに実をつけて、どんどん次《つぎ》の世代《せだい》に繋《つな》いでいくのがメロン。生存戦略《せいぞんせんりゃく》って本当にいろいろある。」

生き物は、それぞれ自分のなかまが、うまく生き残っていけるように進化《しんか》してきました。その結果《けっか》が、今の姿《すがた》、増《ふ》え方です。種のでき方や、数、実の形は、いくつかの種類《しゅるい》に分けられます。種が「一つ」か、「たくさん」か、というのも、その分け方の一つです。

草木の作る種は、次の子どもを生み出すための、動物《どうぶつ》でいえば、いわば卵《たまご》です。たいていの種は、芽や根を出すために栄養《えいよう》を蓄《たくわ》えています。この栄養を求《もと》めて、動物たちが種を食べます。また、種を包《つつ》んでいるやわらかい部分《ぶぶん》が果実となって、動物たちをひきつけます。種は動物のお腹《なか》の中で消化《しょうか》されてしまわないように、自らの身《み》を守《まも》る固《かた》い皮《かわ》を持っています。が、消化されないからといって、なぜ、わざわざ動物に食べられてしまうような、種のでき方をするのでしょう。

それは、植物が自分では移動《いどう》できない生き物だからです。種は、ほかの何かに頼《たよ》らないと、もとあった草木から離《はな》れたところで芽を出すことはできません。離れたところで成長しなければ、親子や兄弟で場所《ばしょ》の取り合いになって、その植物が生き残る可《か》能性《のうせい》が減ってしまいます。タンポポやススキのように、風に頼って飛んでいくものや、ココヤシなどのように、海辺《うみべ》や川のそばに生えて、水に運んでもらうものもあります。動物に頼る、食べられる実は、甘《あま》くておいしい果実の中に、小さな固い種が入っています。種は体の中で消化されず、フンの中に混《ま》ざって出てくるので、あちこちで発芽《はつが》します。

スヨンさんは、種の違いをイラスト付きでお話のように描《えが》いてみました。

「種が多いものは、動物の体の中に取り込まれる機会《きかい》が多いもののようね。いろんな危険《きけん》にあう中で、どれかが生き残れるように。中心に1個しか種のないものは、固くしっかりしているので、お腹の中に入らずに捨《す》てられることが多いはずだわ。アボカドなんか、驚《おどろ》くほど固いもんね。こういう種は、かみつぶされる危険が少ないかもしれません……と。うん、これでいい。」

そして、最後《さいご》にマンガのような吹《ふ》き出しで、こう付《つ》け加《くわ》えました。

『それぞれがなぜそうなったのかは想像《そうぞう》するしかないけれど、進化《しんか》の間に、両方《りょうほう》のやり方が、それぞれ、子孫《しそん》を多く残せたから、現在《げんざい》の多様《たよう》な植物界《しょくぶつかい》の姿《すがた》があるのです。SDGs《エスディージーズ》の目標の「陸《りく》の豊《ゆた》かさも守ろう」で、大切にしていかなければならないのは、こういう、いろいろな植物の個性《こせい》だと私は思う。』

数えられるけれど、ひと苦《く》労《ろう》。おむすびって、お米何粒《つぶ》でできているかわかるかな？

ジャックさん　おむすびって、お米何粒でできているか、数えてみたいな。

つみきさん　それって、稲《いな》穂《ほ》にしてどのくらい？

おむすびを見ていて、お米が何粒なのか知りたくなったジャックさん、友《とも》だちのつみきさんといっしょに、数えてみることにしたようです。

おむすびのお米を一粒ずつ触《さわ》っていると手がべとべとになるので、お米を一合分はかり取って数えてみることにしました。一合のごはんをたくと、大きなおむすびがだいたい3個《こ》できます。一合のお米をはかって、それを3つの同じくらいの山に分ければ、一つの山がおむすび1個分というわけです。

あとは、そのお米を数えればいいのですが、「これは思ったよりも数が多いぞ。」とジャックさん。

そこで、1年生の算数の授業《じゅぎょう》のように、おはじきを使《つか》って数え方を工夫《くふう》してみました。10粒ごとに、おはじき一つと交《こう》換《かん》します。そして、数え終えたお米は、別《べつ》のところによけておきます。それをくり返し続《つづ》けます。

「気が、遠くなる……。」

二人は悲鳴《ひめい》をあげながら、それでも終《お》わりまで数えました。

最後《さいご》に残《のこ》った数粒のお米はそのままにしておいて、今度は、そのおはじきの数を数えます。

おはじき10個は、お米の粒でいえば10粒の集《あつ》まりが10個分で、100粒ということになります。このお米100粒分を、

別の大きなおはじき一つと交換します。そうして、小さなおはじきを大きなおはじきに換《か》えていきます。

二人は最後に、おはじきと残ったお米の数を数えてみました。大きいおはじきは27個、つまり１００粒が27あったので、２７００粒です。10粒を表《あらわ》す小さなおはじきは5個あるので50粒です。お米の粒は9粒残っていました。

「やったー！　全部《ぜんぶ》で、２７５９粒だ！」

「これは、お米の種類《しゅるい》によっても少し違《ちが》うだろうね。もちろん、3つの山に分けるときに何粒かの違いは出るだろうし。」

「うん、まあ、正確《せいかく》に何粒でできているとは言えないけれど、でも、およその数はわかったね。結論《けつろん》、大きなおむすび1つは、お米３０００粒くらいでできている！」

そこで、今度はつみきさんが、稲穂にしたらどのくらいか

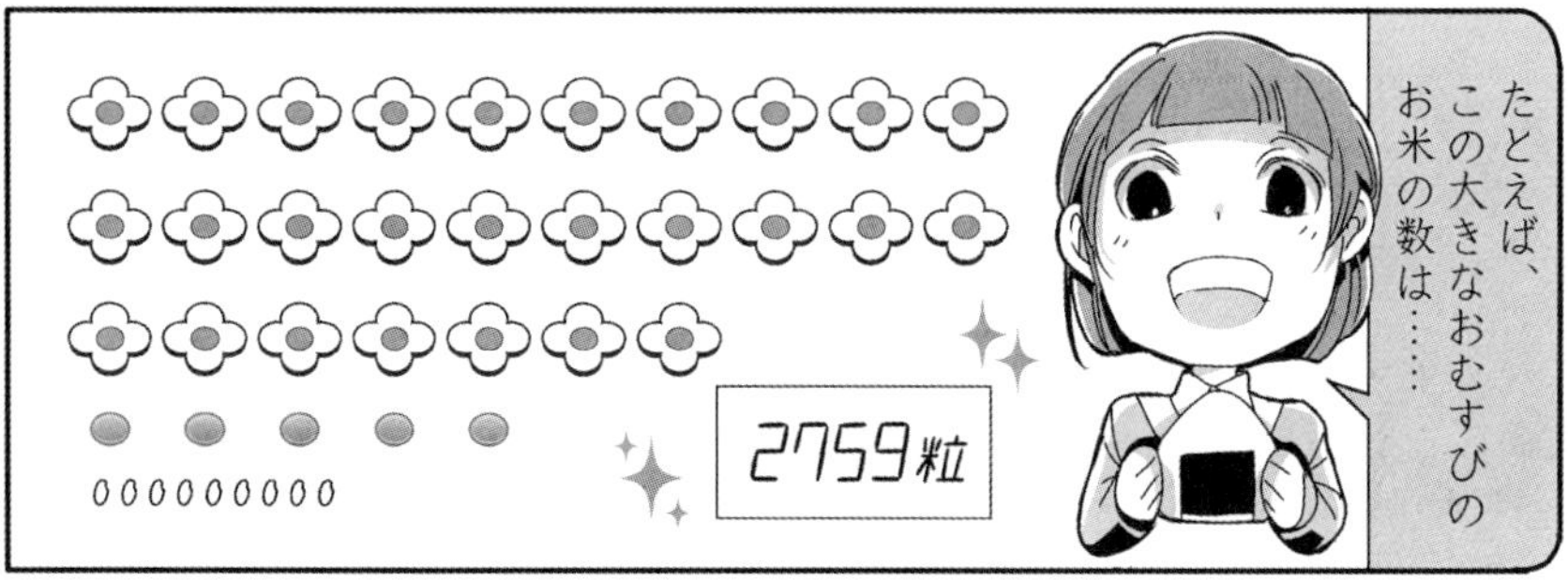
たとえば、この大きなおむすびのお米の数は……
2759粒

を知りたがりました。

「品種にもよるみたいだけど、稲穂一本に100粒くらいだって。」

「さすがジャック、検索《けんさく》するの早いね。じゃあ、30本で大きなおむすび1個分か。稲の一株《かぶ》に稲穂は……25本くらいだって？　じゃあ、ふつうの小さ目のおむすびなら、1株でできそうだね。」

でも、一年かけて大切に育てた1株で、一回で食べてしまえるおむすび1個分です。

「これは大切に食べなければ、育ててくれた農家の人にもだけど、籾《もみ》という種から光合成をして育ち、稲穂を実らせた、稲という植物にとても悪いような気がする。」

ジャックさんがしみじみと言いました。つみきさんも同じ意見です。

「SDGs《エスディージーズ》の目標で『飢餓《きが》をゼロに』とあるけど、私《わたし》たちは今、食べ物に困《こま》っていないから、ついその大切さを忘《わす》れちゃう。これからは、さらに気をつけて、無駄《むだ》にしないように考えて作ったり、買ったりしようね。」

「そうだね。」

ところで、学校の校庭にも田んぼがあります。つみきさんは嬉《うれ》しそうにニッコリ笑いました。

「田んぼ1平方メートルあたり、16株くらい植えるといいらしいね。校庭の田んぼは70平方メートルって先生が言ってたから、1120株はいけると思うんだ。みんなで植えた苗《なえ》をきちんとうまく育てられたら、1120個のおむすびができるってこと。うちの学校だったら、先生と生徒全員でも2個ずつ食べられるよ、きっと。」

「おお、それは楽しみだね！」

目には見えないような小さいものにも重《おも》さがあるの？

ある日曜日、たすくさんは、いとこのはるなさんに絵本を読んであげていました。

その絵本は『はんぶんこ』というタイトルで、まず、主人公《しゅじんこう》の女の子が、お母さんが焼《や》いたケーキを友《とも》だちのクマさんと半分こします。半分をもらったクマさんは、ウサギさんにその半分をあげ、ウサギさんはタヌキさんに、さらにその半分をあげ、そうやって、小さな小さなかけらになったケーキを、今度はアリたちが、なかまどうしでずっと半分こし続《つづ》けます。絵本はそこまでで半分こを終《お》えますが、はるなさんが言いました。

「もっと半分こにならないの？　ウイルスさんにもあげたら？」

たすくさんはびっくり。まあ、肉食獣《にくしょくじゅう》のクマと、食べられる側《がわ》のウサギもなかよくできている絵本の中ですから、人類《じんるい》の大敵《たいてき》のウイルスがなかよく半分このなかまに入ってもいいかもしれません。でも、ちょっと幼稚園生《ようちえんせい》のはるなさんがなかよしで思いつく生き物《もの》ではないでしょう。

「だって、目に見えないくらいだから、アリさんより小さいでしょう？　半分こにしたらどんどん小さくなるから、アリさんより小さい子じゃないと足りないし。」

「あ、なるほど。」

たすくさんは半分にし続《つづ》けると、どのくらいの重さになるのかなと気になりました。

初《はじ》めのケーキは、見るからに大きな丸いパウンドケーキが描《えが》かれています。

「初めのホールのケーキは500グラムくらいかな。とすると、クマがもらったのが250グラム、ウサギは125グラム、タヌキが62・5グラム……。うーん、だんだん、いやな感《かん》じで小数点が……。」

「お兄ちゃん、アリさんがもらったのは何グラム？」

「ちょっと待ってね、アリまでにリスがいて31・25グラム、ネズミがいて15・625グラム、それから……ずいぶん、いるなあ。ずっと半分にしていって、7・8125、3・90625、1・953125、これって、四捨五入《ししゃごにゅう》したら2、だよね。もう、それでいいや。次《つぎ》こそアリだぞ。2の半分で、1グラム！　アリが受《う》け取《と》ったのは1グラムだよ。」

たすくさんが答えを出すと、はるなさんは絵本を指《ゆび》さしました。

「その1グラムを、ええと、1、2、3……25匹《ひき》まで半分こ。」

「もう半分ずつをやめて、25匹で同じ大きさに分けたらいいのに。それなら1割《わ》る25で一匹0・04グラムですむよ。半分ずつしていくと、一匹目で0・5グラム、二匹目で0・25グラム、三匹目で0・125グラム、四匹目で0・0625グラム、五匹目で0・03125グラム、だから、同じ大きさに分けた場合の0・04グラムより小さくなっちゃうよ。五匹目からのアリは、かわいそうじゃない？」

すると、はるなさんは首をかしげました。

「どこまで小さくなるの？　ずーっと半分にできるの？」

「それは無理《むり》だよ。ケーキだって、すごく小さな、原子という粒《つぶ》でできているから、それ以上《いじょう》は半分にできないんだって。」

たすくさんは、この間読んだ理科の本の内容《ないよう》を思い出しました。

『身《み》の回りのものを構成《こうせい》している粒を細かくしていくと、最後には原子という粒にたどり着《つ》きます。ふつうの状態《じょうたい》*では、それ以上割ることのできない、もっとも小さな粒です。といっても原子は中心にさらに原子核《げんしかく》という小さな粒のかたまりを持《も》っていて、その周《まわ》りを電子という、もっと小さな粒が飛《と》び回っている、ミニ太陽系《たいようけい》のような丸いかたまりです。この原子を直径《ちょっけい》10メートルくらいの、電子が飛び回って作る壁《かべ》の広い部屋《へや》だとすると、その真《ま》ん中に1ミリメートルほどの、砂粒サイズの原子核があるようなものです。

さらにこの原子核は、一つの大きな粒ではなく、陽子《ようし》と中性子《ちゅうせいし》と呼《よ》ばれる2種類《しゅるい》の粒が集《あつ》まってできています。陽子も中性子も同じくらいの大きさの粒で、原子核を1

ミリメートルとするならば、0・1ミリメートルほどのサイズです。そして、この陽子の個数《こすう》の違《ちが》いが、原子の種類の違いになります。

陽子1個なら水素《すいそ》、2個ならヘリウムといった具合《ぐあい》に、1個ずつ多いものが順《じゅん》にあって、例《たと》えば6個で炭素《たんそ》とか、8個で酸素《さんそ》、26個で鉄《てつ》のように、身近な名前のものも多くあり、今のところ全部《ぜんぶ》で118種類《しゅるい》が確認《かくにん》されています。

そんな小さな原子核ですが、ちゃんと存在《そんざい》している物質《ぶっしつ》なので重さがあります。電子は陽子や中性子に比《くら》べると、はるかに小さいので、重さもとても小さなものです。ものすごく小さい数は、ものすごく大きい数のように、0が数多く並《なら》びます。もちろん、大きい数とは逆《ぎゃく》の、小数点以下の世界《せかい》に0が伸《の》びていきます。電子の質量《しつりょう》は「小数点以下に0を30個並べてから31番目に9を置《お》いた数字」キログラムになります。陽子と中性子の質量は電子の約《やく》1800倍《ばい》あり、原子の重さのほとんどは原子核にありますが、それでも想像《そうぞう》しにくい小さな値です。例えば、炭素の原子の質量はおよそ「小数点以下に0が25個で26番目に2」キログラムです。』

「割れないくらい小さい粒って目に見えないよね。それでも、それがぎゅっと集まるとケーキになれるなら、一個一個は見えなくても、ちゃんとそこにあるんだね。」

はるなさんがそう言ったので、たすくさんはハッとしました。目に見えなくても、あれば必《かなら》ず重さがあって、集まれば目に見えるようにもなるとあらためてわかった気がしたのです。「どんなに小さくても、目に見えなくても『ある』のは、『ない』とはまったく違うことなんだな。」

たすくさんはそんなことを思いながら、不思議《ふしぎ》な絵本を閉《と》じました。

問い 空に浮《う》かぶ雲にも、重さがあるでしょうか。

答え ある。（雲を構成《こうせい》する水の分子は、水素と酸素の原子の集まりだから）

＊太陽のような高温高圧《こうおんこうあつ》の環境《かんきょう》や、実験装置《じっけんそうち》で作った特別《とくべつ》な状態《じょうたい》では、原子を構成《こうせい》する陽子、中性子は、さらにその元になる素粒子《そりゅうし》というものにわかれていく。

ハムスターは、どうして寿命《じゅみょう》が短《みじか》いの？

まなさんは、ネコを飼《か》っています。ネコにとっての1年は、人間でいう4年分くらいになると聞いて、首をかしげました。時間の流《なが》れはみんなにとって同じはずです。そうでなければ、時計で時間を計ったり、年間の日数を定《さだ》めたりできません。

「ネコの時間だけ早いってどういうこと？　うちにいるオモチとメカブはどっちも3歳《さい》半だから、もう14年分も生きてることになるの？　いつの間にか私《わたし》より年上になってるってことなのかな。」

「ああ、まなちゃん、それはちょっと違《ちが》うよ。ネコは1歳くらいまでは一気に成長して、ヒトでいう高校生くらいまで育《そだ》ってしまうんだ。それから少しずつ成長がゆっくりになって、だいたい1年で4歳くらい歳をとるって言われるんだよ。だから、今は二匹《ひき》とも人間でいう30歳くらいだね。」

「ふうん、どっちにしても、もう大人なんだね。でもお父さん、なんでネコの時間は、そんなに変《か》わってるの？」

「ネコの時間が変なわけではないよ。ネコの体がどのくらい早く大きくなるか、完成《かんせい》していくか、また、老《お》いていくかを、ヒトの成長と比《くら》べて言っているだけだ。時間は同じように過《す》ぎていく。もともと、ネコの寿命は15年くらいだから、早く体ができ上がって、安全《あんぜん》に子孫《しそん》を残《のこ》せるようにする必要《ひつよう》があるんだね。」

つまり、時間の流れが違うわけではなく、体の成長のスピードが違うだけなのです。

「でも、なんでそんなふうに違うのかな、寿命って。そういえば、ハムスターは短かったよね。2年くらいでクリスタルちゃん死《し》んじゃったもの。」

「そうだったね。寿命についてはこんな考え方があるよ。」と、お父さんは最近《さいきん》読んだ本の内容《ないよう》をわかりやすく話してくれました。

『心臓《ぞう》が一分間にどっくんどっくんと鼓動《こどう》を打《う》つ回数を、心ぱく数と呼《よ》びます。寿命と心ぱく数は、関係《かんけい》があるといわれています。ほ乳類《にゅうるい》は一生のうちに15億《おく》回くらい鼓動を打ちます。1回鼓動を打つのにかかる時間は、ヒトの場合《ばあい》、1分間の心ぱく数を80回とすると0・75秒《びょう》、ゾウは3秒もかかります。鼓動を打つのにかかる時間が長ければ長いほど、長生きするということになります。

ハムスターの心臓は、だいたいヒトの10倍くらいの速さで鼓動を打つので、ヒトの10分の1くらいしか生きられないことになります。

ヒトが15億回の鼓動を打つのにかかる時間は11・25億秒。これは、計算してみると35年ちょっとです。あれ、ちょっと一生には短いぞ、と思うことでしょう。日本人の平均寿命《へいきん》は85年くらいです。ヒトは医療《いりょう》を発達《はったつ》させ、食事《しょくじ》も変化《へんか》させて、寿命を延《の》ばしてきました。今から5000年くらい昔《むかし》の縄文時代《じょうもんじだい》、ヒトの寿命は30年くらいだったと推定《すいてい》されています。これなら計算と合いますね。

ハムスターの寿命は2~3年です。ヒトの一生の鼓動分の時間が35年あまり。10倍という早い鼓動のスピードから計算すると、35割る10で約3・5年。実際《じっさい》の寿命とほぼ合います。

ハムスターは、ほんの2~3年の一生の間に、毎日体重の10分の1くらいの重《おも》さの食べ物《もの》を食べ、生まれて一か月くらいで大人になり、一度に4匹以上《いじょう》もの子《こ》どもを生みます。』

ふつうは1、2、3と数えていける心臓の鼓動も、ずっと打ち続《つづ》けていくと、一生で15億という大きな数になるのですね。

「お父さん、オモチもメカブも、私より、ドクドクいう音は速いのよ。寿命が短いはずだね。二匹の時間はやっぱり、私より早く流れているのかもしれない。私が大昔の人だったら、この子たちと人生の半分はいっしょに生きられるはずだったのかな。」

動物《どうぶつ》の平均《へいきん》寿命《じゅみょう》

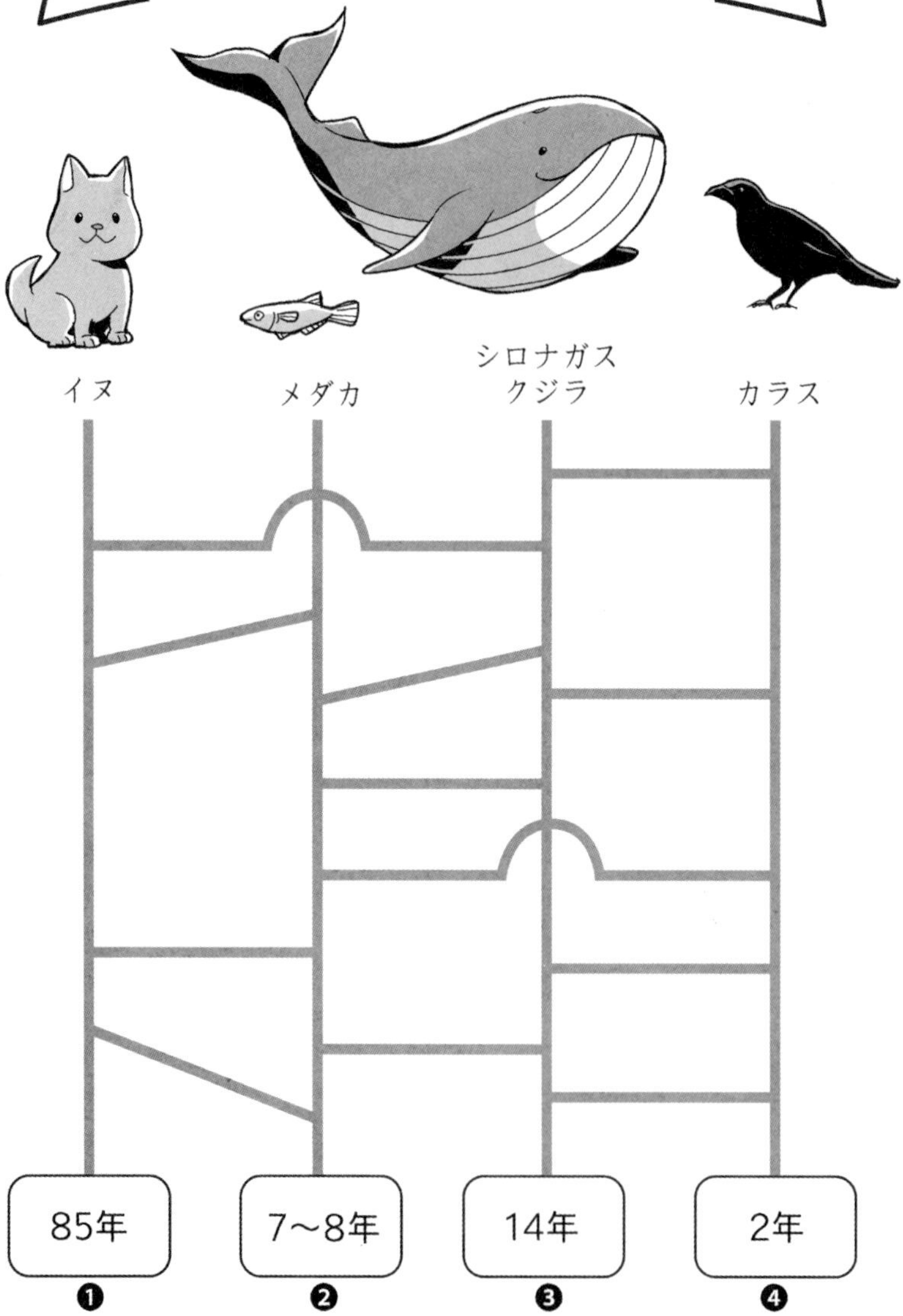

❶シロナガスクジラ ❷カラス ❸イヌ ❹メダカ

「時間（経過《けいか》時間）」と、小さい小さい時間の「瞬間《しゅんかん》」って、どう違《ちが》うの？

せな「ボールって投《な》げ上げると必《かなら》ず落《お》っこちてくるよね。」

ゆい「うん。だんだんスピードが遅《おそ》くなって、一瞬止まってから下に落ちてくるよね。」

せな「その一瞬って、何秒《なんびょう》くらいかな？」

二人は科学館《かがくかん》の人に、ボールを投げ上げると空中で一瞬止まる、この一瞬が何秒くらいか聞いてみました。

「それは、おもしろい質問《しつもん》だね。一瞬はそのままの意味《いみ》だと、人が瞬《まばた》きする時間だから、だいたい0・36秒くらいだよ。」

ゆい「じゃあ、ボールはそのくらい、空中で止まっているのですか。」

「いやいや、止まった状態《じょうたい》から0・36秒もたつと、計算では60センチメートル以上《いじょう》落ちちゃうよ。」

せな「えーっ、一瞬でそんなに落ちてきちゃうんですね。じゃあ、ボールが止まっているのは、もっと短《みじか》い時間なんですね。」

「もっと短いというか、ちょっと考え方として難《むずか》しいのだけれど、限りなく0に近い時間っていうのが正しいかな。0・000000001の、0と1の間の『0』が無限《むげん》にある、という感《かん》じかな。」

ゆい「うーん。1を3で割《わ》ると0・3333……と3がずっと続くのと似《に》ていますね。」

「無限に数字が続《つづ》くという意味では似ているけれど……。この『限りなく短い時間』という考え方は、ボールを投げたときとか、ものの運動《うんどう》を考えるときにも役《やく》に立つよ。この考え方は、ニュートン*とライプニッツ**という人が、17世紀《せいき》に別々《べつべつ》に思いついたんだよ。ボールを投げ上げたときもそうだけど、ものの速《はや》さってどんどん変《か》わるよね。速さって、どうやって求《もと》める？」

ゆい「はい、移動《いどう》した距離《きょり》をかかった時間で割って求めます。」

「そうだね。例《たと》えば、こうやって勢《いきお》いをつけないで、ぽとっとボールを落とすと1秒間で4・9メートルも落っこちる。4・9メートルを1秒で割って秒速4・9メートルとなるけれど、落ち始《はじ》めから1秒後まで、ずっと秒速4・9メートルなんだろうか。」

せな「いいえ。落ち出すときは秒速0メートルで、それからだんだん速くなっていきます。」

「うん。じゃあ、秒速4・9メートルってどういう速さなんだろうか。ちょっと、難《むずか》しいね。秒速4・9メートルということは、1秒間に4・9メートル移動しますよ、0秒から1秒後までずっと変わらずこの速さだったら4・9メートル進《すす》みますよ、ってことを表《あらわ》しているんだ。つまり、移動距離を時間で割った速さは、遅《おそ》いときも速くなったときも平均《へいきん》した速さということになる。」

せな「一人ひとりの身長《しんちょう》は違うけれど、クラスのみんなの身長を合計して人数で割《わ》ったら、クラスの平均身長が出る、って感じですか。」

「その通りだよ。それで、ざっくりした平均の速《はや》さが求められるだけでは困《こま》ることもある。どんどん速さが変化しているときは、もっと短い時間、その瞬間瞬間の速さが知りたくなる。その限りなく短い時間の、限りなく短い距離の変化《へんか》から求めた速さを『瞬間の速さ』というんだ。瞬間といっても0・36秒じゃないけれどね。その瞬間の速さを求める方法《ほうほう》が、この二人が考えた微分《びぶん》という計算方法なんだ。」

ゆい「微分って聞いたことある。高校生のお兄さんが難しいって言ってた。」

「そうだね。ちゃんと勉強《べんきょう》するのは高校生になってからだけど、今日のお話で考え方はわかったと思うよ。」

せな「はい、高校生になるまで忘《わす》れないでいたいなあ。」

＊　ニュートン（１６４２‐１７２７）万有引力《ばんゆういんりょく》を発見《はっけん》したイギリスの科学者《かがくしゃ》
＊＊　ライプニッツ（１６４６‐１７１６）微積分法《びせきぶんほう》を考えたドイツの数学者

水の中に「溶《と》ける」と「混《ま》ざる」は、どう違《ちが》うの？

うりゅうさん　砂糖《さとう》や塩《しお》は溶けると、水の中でどうなるの？　なくなっちゃうの？

さらささん　片栗粉《かたくりこ》は溶けたように見えて、なんで必《かなら》ず底《そこ》のほうにたまっちゃうの？

お味噌汁《みそしる》は時間がたつと、味噌とお湯《ゆ》に分かれてしまいます。ところが、おすましは時間がたっても、作るときに入れた塩やしょうゆが下にたまりません。これは湯、つまり水との関係《かんけい》が、味噌と塩やしょうゆでは違《ちが》うからです。

味噌はその粒《つぶ》が大きいので、お湯に溶けるのではなく、混ざっているだけです。とは言っても、正確《せいかく》には味噌が含《ふく》む塩の部分《ぶぶん》は溶け込《こ》んで、それ以外《いがい》の部分が水に比《くら》べて重《おも》い*ために、時間がたつと下にたまります。もっと小さい粒になればどうでしょう。

味噌よりずっと細かい片栗粉は、水に入れるとまっ白く濁《にご》るので、いかにも溶けているように見えますが、時間がたつと底に沈《しず》み、透明《とうめい》な水がその上に残《のこ》ります。片栗粉は味噌のように大きい粒ではありませんが、水の中でも自身《じしん》の形を保《たも》ちます。とても小さい粒にしていっても、分子自体が水と仲《なか》が悪《わる》く、壊《こわ》れてしまって水の中に溶け込みません。このように水に溶けない性質《せいしつ》の粒と、溶ける性質の粒とがあります。片栗粉のようなデンプンは、水に溶けない粒でできたものの代表格《だいひょうかく》です。

混《ま》ざっては沈むデンプン類《るい》とは対照的《たいしょうてき》に、浮《う》いてくるのが油《あぶら》です。油は水より軽《かる》い*ので、時間がたつと上にたまります。混ざったときは、水が不透明《ふとうめい》に濁って、いかにも溶け込んだようになりますが、水と油の分子は決《けっ》して手をつなぐことがないので、お互《たが》い退《しりぞ》けあって、やがて時間がたつと全体《ぜんたい》で分かれてしまいます。

あるものが、水や湯《ゆ》に混ざっているだけなのか、溶けているのかは、その液《えき》がいつまでも濁っているか、最終的《さいしゅうてき》に透明になるかでわかります。透明になれば、溶けているのです。水に溶けるということは、液が透明になり、濃《こ》さはどこも同じで、時間がたっても濃さが変わらないということなのです。

また、ざるにクッキングペーパーをしいて、その液をあけてみてもわかります。クッキングペーパー上に残るものが、混ざっているものです。溶けているものは、クッキングペーパーを通り抜《ぬ》けてしまいます。さあ、二つの違いがわかりました。

水はとても多くの物質《ぶっしつ》を溶かすことができます。それは、塩や砂糖のように溶け込ませて利用《りよう》できるときもあれば、毒《どく》のように飲《の》んだら危険《きけん》な場合もあります。とはいえ、溶け込むことを利用して、水に溶けずに混ざるだ

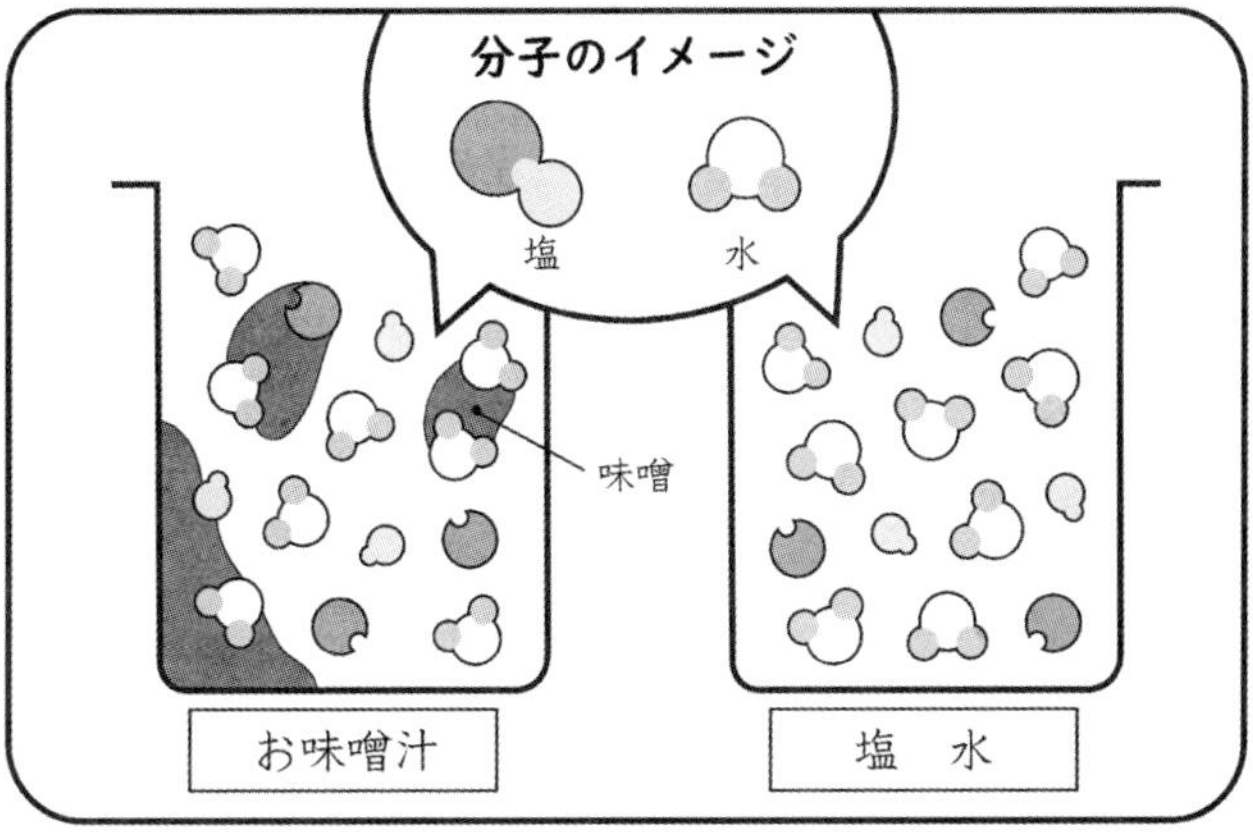

けのものと分離《ぶんり》することもできます。デンプンが水に溶けないという性質は、私《わたし》たち人間にとって、とてもありがたいものでした。デンプンを含んだ植物《しょくぶつ》の根《ね》や木の実《み》には、人の体にとって毒であるものも少なくありません。そして、それらの毒は水に溶けやすい性質がありました。大昔から、デンプンを食料《しょくりょう》にしたかった人類は、根や木の実をすりおろし、水に溶いてはデンプンだけが沈むのを待《ま》ち、毒が溶け込んだ上澄《うわず》みを捨《す》てて、食べられるように工夫《くふう》したのです。例《たと》えば、タピオカの材料《ざいりょう》のキャッサバは毒を抜《ぬ》いて、デンプンを取《と》り出して利用しています。

水に対するさまざまな物質の特徴《とくちょう》を理解《りかい》して、生活の中で活用している場面《ばめん》をたくさん探《さが》してみましょう。また、自分なりに応用《おうよう》できたらいいですよね。

*同じかさを比べたときの重さのこと。

宇宙《うちゅう》と原子って関係《かんけい》があるの？

今日は、皆《みな》さんから寄《よ》せられた「宇宙と原子って関係があるの？」という質問《しつもん》に答えていきたいと思います。

まず、宇宙の始《はじ》まりは今から約《やく》138億《おく》年前のビッグバンだと考えられています。くわしくは、「宇宙に果《は》てはあるの？」（50ページ）を参照《さんしょう》してください。誕生《たんじょう》したばかりの宇宙にある原子は2種類《しゅるい》、水素《すいそ》とヘリウムだけでした。水素は、たったひと粒の陽子《ようし》でできた原子核《げんしかく》の周《まわ》りを、電子が1個《こ》回っているという構造《こうぞう》です。ヘリウムは2個の陽子と2個の中性子《ちゅうせいし》でできた原子核の周りを、電子が2個回っています。

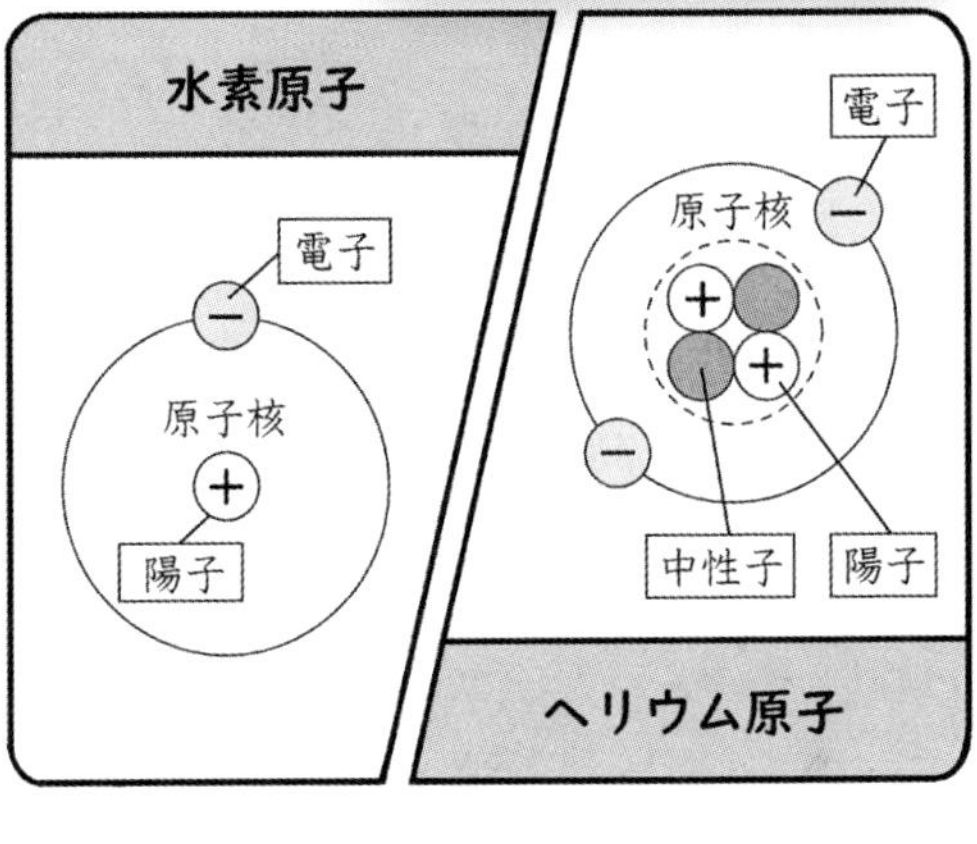

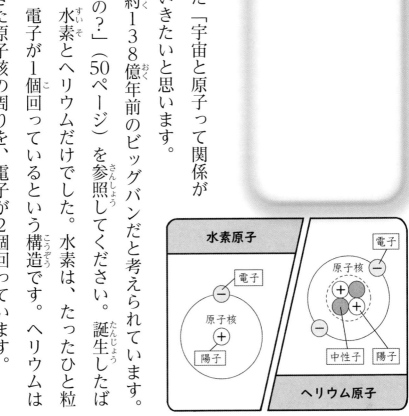

現在《げんざい》、原子は１１８種類あるとされています。

現在あるいろいろな原子は、太陽のような、自ら輝《かがや》く恒星《こうせい》によって、単純《たんじゅん》なつくりの水素やヘリウムから作られていったのです。では、恒星の一生を見てみましょう。

まず、水素やヘリウムのガスが集《あつ》まり、密度《みつど》が高くなります。この状態《じょうたい》を暗黒星雲《あんこくせいうん》といいます。さらにガスが集まると回転《かいてん》を始めます。お風呂《ふろ》の栓《せん》を抜《ぬ》いたとき、水が排水口《はいすいこう》に一気に集まって渦《うず》ができるのと似《に》ています。

ガスが回転してもっと集まり、さらに密度が増《ま》すと温度《おんど》が上昇《じょうしょう》します。１０００万度を超《こ》えると、今の太陽で起《お》こっているような核融合反応《かくゆうごうはんのう》が起こり、光を発《はっ》するようになります。これが、恒星の誕生です。核融合反応とは、小さな原子核どうしがくっついて、別《べつ》の大きな原子核になることです。われらが太陽の場合は、水素の原子核どうしがくっついて、ヘリウムの原子核を作っています。核融合反応が起こるとき、大きなエネルギーが発生します。それで太陽は、光と熱《ねつ》を地球《ちきゅう》に降《ふ》り注《そそ》いでくれているのです。人工的《じんこうてき》に核融合を起こし、エネルギーを得《え》ようという研究《けんきゅう》が、世界中《せかいじゅう》で長年続《つづ》けられていますが、まだ実用化《じつようか》への道のりは険《けわ》しいようです。

恒星は誕生した後、太陽の3倍《ばい》より少ない程度《ていど》の質量《しつりょう》の場合、太陽と同じようにゆるやかに核融合反応が続きます。けれども、太陽の3~8倍以上の質量の場合は、水素からヘリウム、炭素《たんそ》、窒素《ちっそ》、酸素《さんそ》と、どんどん重《おも》い原子を作る核融合反応が進《すす》みます。炭素の原子核は陽子6個で、窒素は陽子7個です。どんどん大きな原子核になっていますね。

さらに、ネオン、マグネシウム、ケイ素、鉄《てつ》まで作っていきます。が、ここまでくると終《お》わりです。鉄の原子核は、あらゆる原子中で、もっとも安定《あんてい》した原子核ですから、これ以上の核融合反応によって、エネルギーが生み出されることはありません。

そこで、鉄が中心部《ちゅうしんぶ》にたまる頃《ころ》には、核融合を続けられずに不安定《ふあんてい》になって、超新星爆発《ばくはつ》を起こしてしまいます。新星といっても、新しい星が生まれるわけではありません。爆発のときには、極《きわ》めて高温で高密度な状態になるため、鉄より小さい原子核が、ぎゅっと押《お》しつぶされ、くっついていきます。そうして、金やウランといった、鉄よりももっと大きくて重い原子も作られます。そして、それらの多くが、爆発によって宇宙空間に散《ち》らばります。原子核をくっつけて新しい原子核を作ることは、地球上の科学者《かがくしゃ》も行っています。最近、新たに加わった、原子番号113番目のニホニウムは、亜鉛《あえん》とビスマスをひとつにくっつけることによってできました。

このように、星が生まれ、育《そだ》ち、爆発するという一生によって、水素とヘリウムしかなかった宇宙に、ほかの原子ができていきました。私《わたし》たち自身《じしん》や、私たちの周りにあるものを構成する原子は、超新星爆発によって、宇宙から飛《と》んできたものなのです。マゼラン星雲で起きた超新星爆発で飛んできた粒（ニュートリノ）をカミオカンデという装置《そうち》でキャッチできたことは、こうしたことを知る上で大きな成果《せいか》でした。

そして、鉄より重い原子核ができると、今度はその重い原子核が分裂《ぶんれつ》することによって、核融合と同じようにエネルギーが取《と》り出せます。これを核分裂反応といいます。現在、地球の内部が高温である原因《げんいん》の一つは、地球誕生のときに取り込《こ》まれたウランやトリウムなどの核分裂によって、熱が発生することにあります。核融合とは違《ちが》って、核分裂はとっくに実用化されています。原子力発電所《げんしりょくはつでんしょ》は、人工的に核分裂を起こし、得られた熱で水を蒸気《じょうき》にしています。その蒸気をタービンという風車に吹《ふ》き付《つ》けて、発電機《はつでんき》を回しているのです。

このように、大きな大きな宇宙が、小さな小さな原子と関わりが深《ふか》いということは、とてもおもしろいですね。

問い 私たち人間は、主《おも》にどんな原子でできていますか？ 代表格《だいひょうかく》を3つあげてみよう。

答え 炭素、酸素、水素。

（人間は60パーセントほどが水でできていて、これを除くと、答えとした三つの原子のほか、窒素やカルシウム、リン、カリウムなどから構成されている。）

少ない動《うご》きや小さな力で、大きな効《こう》果《か》がある工《く》夫《ふう》には、どんなものがあるのかな？

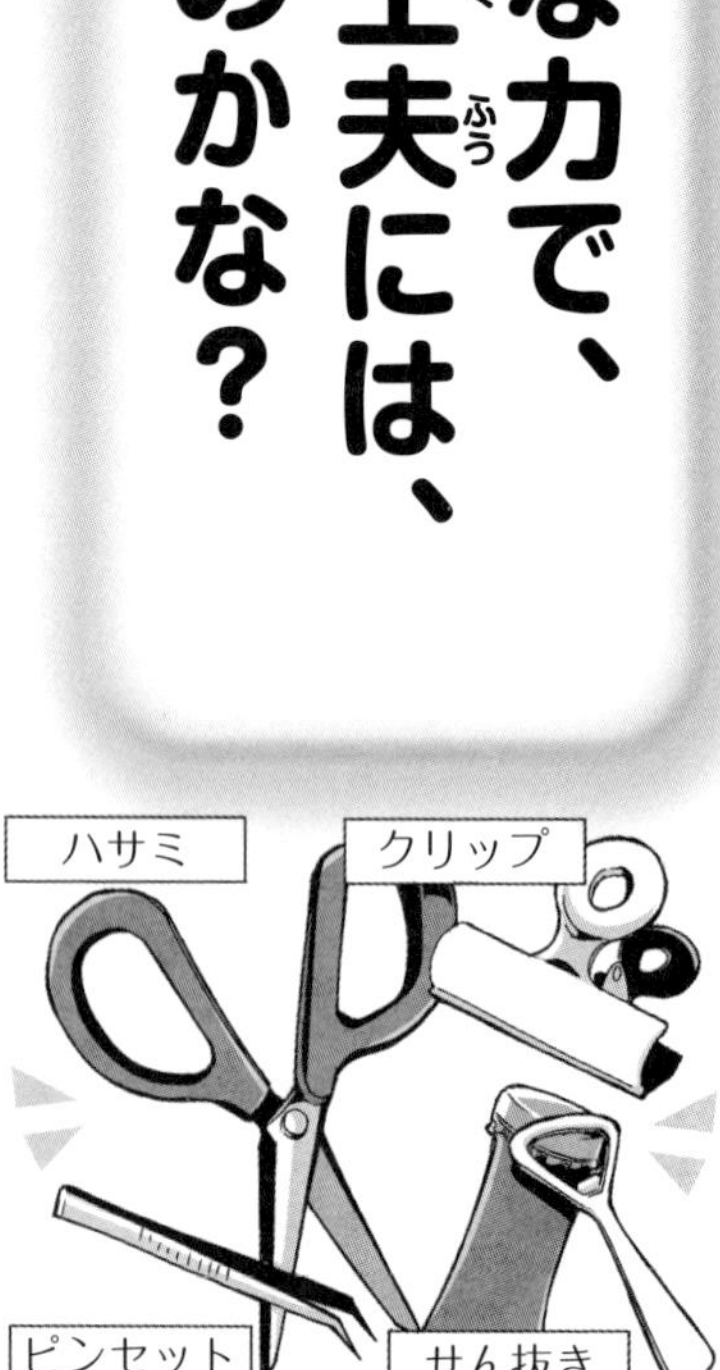

水《すい》そうの水かえポンプは、一回押《お》すだけで水が全部《ぜんぶ》出て行くのはなぜでしょう。小さな力で、大きいことができる方法《ほうほう》には、どんなものがあるのでしょうか。

SDGs《エスディージーズ》の目標に「産業《さんぎょう》と技《ぎ》術《じゅつ》革《かく》新《しん》の基盤《きばん》をつくろう」というものがあります。技術革新は最先端《さいせんたん》の難《むずか》しい話題《わだい》だけではありません。現在《げんざい》の産業を支《ささ》える、とても素《そ》朴《ぼく》な原理の発見《はっけん》と活用は、かつて人類《じんるい》を大きく進歩《しんぽ》させた、まさに技術革新でした。それは、少ない動きや小さな力を、大きな効果に結びつけるものでした。その結果《けっか》、本当に広い範囲《はんい》でそれらの原理が活用され、応用《おうよう》されていくようになったのです。

まず、身近《みぢか》な道具として、ポンプがあります。水そうの水かえポンプは、一度《ど》押して、液《えき》が流《なが》れ出すと、容器《ようき》のふちをこえて、どんどん流れ出していきます。ポンプには、それ以外《いがい》にも、灯油《とうゆ》を暖房器具《だんぼうきぐ》に入れるときの簡易《かんい》ポンプなどがあります。昔《むかし》の手押し式《しき》の井戸《いど》は、呼《よ》び水*を入れて何度《なんど》か持《も》ち手を押すと、水の道がつながり、そのあとは水が勝手《かって》に出てきました。

目には見えませんが、空気は私《わたし》たちの周《まわ》りに満《み》ちていて、その分子は、勢《いきお》いよく飛《と》び回っています。そしてぶつかっては、あらゆる物を押しています。これが、気圧《きあつ》です。この力が水面《すいめん》も押していて、一度つながった水の道を途切《とぎ》れなく押し出し続《つづ》けてくれるのです。

また、水の分子には、お互《たが》いがしっかり手をつなぐ、表面張力《ひょうめんちょうりょく》というものがあって、それも、この流れが途切れることなく続く理由《りゆう》になっています。また、洗面器《せんめんき》に水を入れ、そのふちにタオルをかけておくと、水面《すいめん》より高いふちを乗《の》りこえて、水はタオ

ルをぬらしていきますね。これは、毛細管現象《もうさいかんげんしょう》といい、水がタオルの繊維《せんい》と次々《つぎつぎ》に手をつないで、全体に伝わるのです。また、ごく細い管の中に水を吸《す》い込《こ》んで空気をすべて追《お》い出し、水を一度《ど》外に流してやると、あとは管の壁《かべ》や水どうしと手をつないで、そのままいつまでもしみ出し続けます。草木は体の中にごく細い、水のための管があり、この現象によって、高いところまで水を吸《す》い上げています。

ところで、ポンプのように管が太くなると、いったん水の道を作っても、手をつないで支えるのに限度《げんど》があります。しかし、空気が水面を押しているので、一度流れ出した水はそのままずっと、同じように押されて、流れ続けます。

出発点より高い位置《いち》を通って、水が流れ出す仕組《しく》みを考えたのは、古代《こだい》ギリシアの人で、サイフォンの原理と呼ばれています。サイフォンとはギリシア語で「管」の意《い》味《み》です。サイフォンの原理は、水道の設備《せつび》やダム湖《こ》の放水《ほうすい》、水洗トイレまで、幅《はば》広く応用されています。

そして、小さな力で大きなことができるものとしては、「てこ」を忘《わす》れるわけにははいきません。

昔、アルキメデスは言いました。「私に支点《してん》をくれ、そうすれば地球《ちきゅう》も動かしてみせる。」これは、てこの特徴《とくちょう》を語るときに、必《かなら》ずと言っていいほど出てくる名言です。てこは、力を加《くわ》えるところである力点《りきてん》と、働《はたら》きかけたいものがある作用点《さようてん》以外に、しっかり動かない支えとなる支点《してん》が必要《ひつよう》です。

力点と作用点の間に、支点があるてこを「第一種《だいいっしゅ》てこ」と呼《よ》びます。一本の棒を、支点となる台にのせたものは、多くの人が「てこ」と聞いて思い浮《う》かべるものでしょう。ハサミはこの原理を使《つか》った道具です。また、一本の棒《ぼう》を曲《ま》げて、曲がったところを支えにす

サイフォンの原理

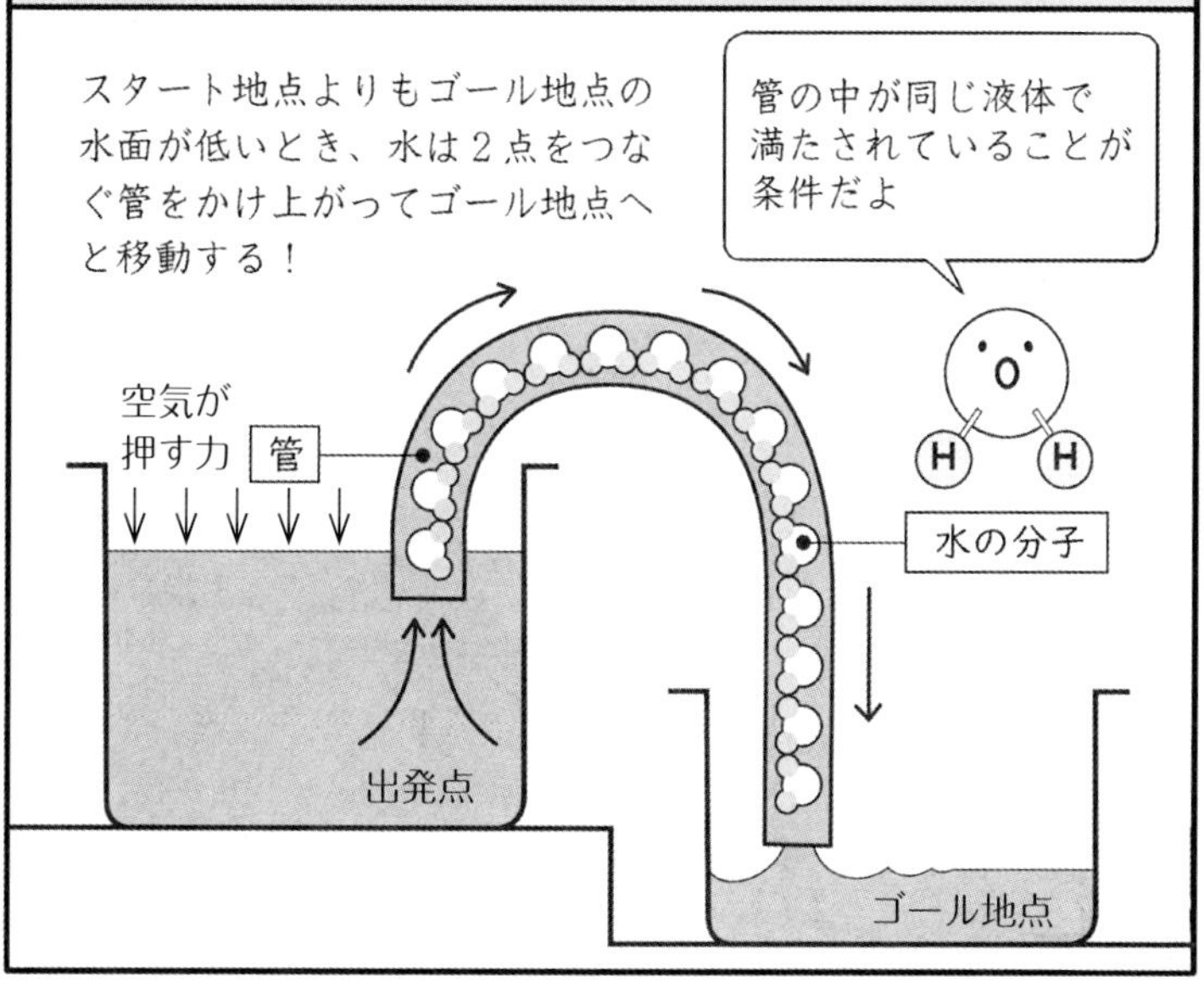
スタート地点よりもゴール地点の水面が低いとき、水は2点をつなぐ管をかけ上がってゴール地点へと移動する！
管の中が同じ液体で満たされていることが条件だよ
空気が押す力
管
O
H
H
水の分子
出発点
ゴール地点

る、くぎ抜《ぬ》きやバール、クリップもこの仲間《なかま》です。

支点と力点の間に、作用点があるてこは「第二種てこ」といいます。せん抜《ぬ》き、穴《あな》あけパンチなどがその仲間です。

どちらも、小さな力では、本来ならできないような、大きな力を生み出すことができます。

支点と作用点の間に、力点があるのが「第三種てこ」で、こちらは力が大きくなることはありません。では、何が得《とく》なのかというと、力加減《ちからかげん》を調整《ちょうせい》しやすく、繊細な作業がしやすくなるというメリットがあります。例《たと》えば、ピンセットや和風《わふう》の糸切りばさみがそうです。

てこのほかにも、車のハンドルやドライバー、スパナのように小さな回転《かいてん》の力から、大きな力を生み出す「輪軸《りんじく》」や、少ない力で、重《おも》いものを引き上げられる「滑車《かっしゃ》」など、単純《たんじゅん》だけれども重要な人類の工夫があります。

*ポンプや井戸の水が出ないとき、水の通り道に外から水を注《そそ》いで満たすこと。

3

不《ふ》思《し》議《ぎ》な形
規《き》則《そく》正しい
形と理科

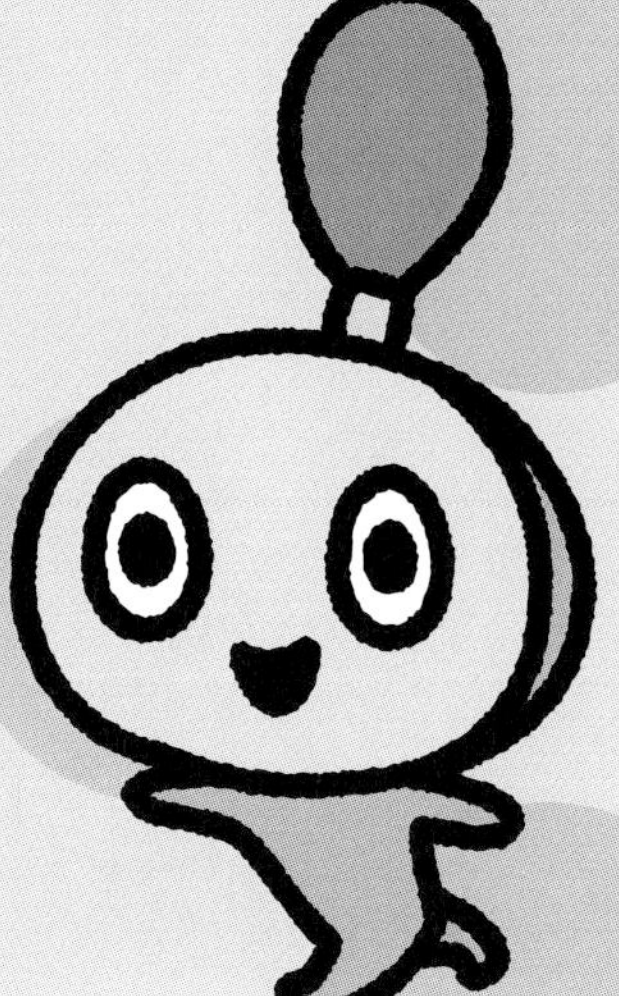

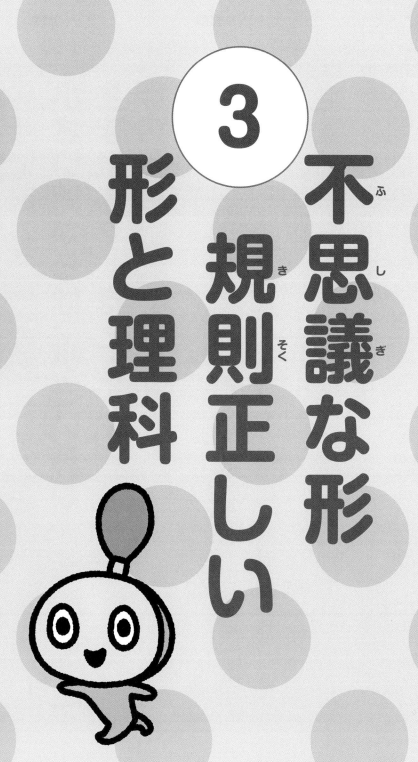

小さい卵《たまご》からは、小さい鳥が生まれる？ ほとんどの卵の形は、なぜ丸い？

みずきさんは、おばあさんとスーパーに買い物《もの》に行ったとき、遠くにある棚《たな》から卵をもってきてほしいと頼《たの》まれました。

小さいほうをお願《ねが》いね、とおばあさんは言っていましたが、「小さいのって、10個《こ》入りと6個入りがある。6個入りのことかな。あれ、ニワトリの卵とウズラの卵は大きさが違《ちが》うわ。小さいのってウズラの卵っていう意味《いみ》かな。数か形か、どっちの小さいなんだろう？」みずきさんはもう一度聞きに戻《もど》り、それが6個入りのニワトリの卵のことだとわかりました。

でも、このとき、みずきさんは卵に不思議《ふしぎ》を感《かん》じました。

「ニワトリよりウズラのほうが体が小さいから、卵も小さいのかな。鳥は体の大きさと卵の大きさに関係《かんけい》がありそうだけど、魚は全然《ぜんぜん》違うと思う。イクラって鮭《さけ》の卵だけど、タラコってスケトウダラの卵だったはず。どっちもそれほど大きさに違いがない魚のような気がするけれど、卵はまったく大きさが違う。どういうことだろう。」

そこで、みずきさんは家に帰ってから、鳥と魚の図鑑《ずかん》で調《しら》べてみました。

『鳥のなかまは、たいてい、親の鳥の体が大きければ産《う》む卵も大きくなります。世界《せかい》で一番大きな卵はダチョウの卵で、長いほうの端《はし》から端まで、大きいもので18センチメートルもあります。

逆《ぎゃく》に一番小さいのは、マメハチドリの卵だといわれています。直径約《ちょっけいやく》6ミリメートルで、イクラの一粒《つぶ》くらいのサイズです。その卵からヒナがかえる様子《ようす》は、ちょっと想像《そうぞう》しにくいですね。マメハチドリは大きく育《そだ》った親でも6センチメートル程度《ていど》しかない、世界でもっとも小さい鳥です。』

そこまでわかったところで、帰宅《きたく》したおじいさんが声をかけました。

「今日もまた、みずきがおもしろいものを見ているな。鳥の体と卵の大きさの相関関《そうかんかん》係《けい》か。たしかにあるね。」

「そうかんかんけいって？」

「二つのものごとが関わり合っているっていうことだ。片方《かたほう》が増《ふ》えるともう片方が必《かなら》ず増えるとか、減《へ》るとか、そんなふうに関わり合うことさ。」

「鳥が大きいと卵も大きいってこと？　やっぱり、そうなんだね。」

「でもね、鳥の体重《たいじゅう》に対《たい》しての卵の重さを比《くら》べてみると、ダチョウは70分の1であるのに対して、マメハチドリは5分の1なんだ。重い大きな鳥ほど、重さの割《わり》には軽《かる》い卵を生んでいることになるね。」

「へえ、なんでだろう。体が重い大きな鳥は、それだけ生きるのにたくさんエネルギーがいるでしょう？　もちろん、マメハチドリよりはいっぱい食べると思うけれど、それでも食べられる量《りょう》って限界《げんかい》があるよね。だから、卵をつくるのに使えるエネルギーが、マメハチドリほどいっぱいないのかも。」「なるほど、一理あるな。」

みずきさんの考えに、おじいさんは感心《かんしん》しました。

「それにしても、鳥の体の大きさは卵と相関関係があるのに、魚にはないんだね。」

そう言って、みずきさんは、今度は魚の図鑑をおじいさんに見せました。

『魚のなかまは、親の魚の大きさと卵の大きさには、まったく関係がありません。卵からかえったときに、川の流《なが》れに負《ま》けないようにするため、川の魚のほうが大きな卵を比較的《ひかくてき》に数少なく生むようです。海の魚は、とにかくたくさん生んで、少しでも生き残《のこ》ればいいという作戦《さくせん》です。』

「なるほどな。ゆかいな姿で有名《ゆうめい》なマンボウは、とても大きな魚だが、卵の大きさは1～2ミリメートルで、なんと3億《おく》個以上《いじょう》も生むそうだ。体の大きさと卵の大きさには全然関係がないね。生き残るための生存戦略《せいぞんせんりゃく》が違うんだな。」

「そうか。鳥は少しの卵を全部《ぜんぶ》、確実《かくじつ》に育てようとするよね。だから、いちばん育ちやすいくらいまで、しっかり大きくする代《か》わりに数を少しにするのか。農家《のうか》がメロンを育てるとき、いっぱい実がついても、売り物にできるくらい立派《りっぱ》に育てるために、実を一つしか残さないのに似《に》ているかも。卵をつくり上げるのに利用《りよう》できる体のエネルギーには限《かぎ》りがあるもんね。でも、魚は、そのエネルギーをすべて、数多い卵に変《か》えようとするわけだね。数が多いから、大きさが小さい。」

おじいさんは、みずきさんの考えを聞いてうなずきました。

「そうだな。それは納得《なっとく》のいく考えだね。そこまで考えられたのなら、なんで卵が丸いか想像がつくかい？」

そう問《と》われて、みずきさんは、たしかに！　と思いました。

「あ、ほんとだ。ちょっと細長いのもあるけれど、それにしてもどんな卵も丸いや。」

「他《ほか》にもすぐに丸まるものに水滴《すいてき》（水滴の丸い形については１１８ページ参照《さんしょう》）がある。水滴が丸くなるのは水の性質《せいしつ》だが、このとき、四角や三角にならないのは、丸が特別《とくべつ》な形だからだ。」

「特別？　ボールも丸いね。だから転がりやすい。卵が丸いと転《ころ》がしてあたためやすいとか？　でも、ちょっと細長い丸なのは、転がりすぎないためとか。」

みずきさんのアイディアに、おじいさんは驚《おどろ》いたようでした。

「なるほど、それはたしかに大切なことだ。丸ければ、卵の中心からどこも等《ひと》しい長さだから、ときどき転がして均等《きんとう》にあたためられる。四角いとそうはいかないし、卵を抱《だ》きにくいね。魚の卵も水の動《うご》きに逆《さか》らわないで転がれるのは、安全《あんぜん》なのかもしれないな。」

「おじいさんの言う特別な形って、どういう意味？」

「それはね、同じ体積で比べたとき、丸い形がもっとも表面積が少ないんだ。表面は外界と接触《せっしょく》しているから、親にあたためてもらえるという良《よ》いこともある反面《はんめん》、乾燥《かんそう》や衝撃《しょうげき》などの危険《きけん》も多い。表面が少ないほうが、内側《うちがわ》は、より守《まも》られる。」

「なるほど。形って意味があるんだね。」

それを聞いたみずきさんは、ほかにもどんなものが丸くて、どのような理由で丸いのかを調べてみたいと思いました。

打《う》ち上げ花火は、どこから見ても同じに見えるの？環境《かんきょう》には、影響《えいきょう》はないの？

打ち上げ花火は安全《あんぜん》のために、川や海など、水辺《みずべ》の広い場所《ばしょ》であげることが多いものです。知っての通り、花火は火薬《かやく》を使用《しよう》しますから、作るにも、打ち上げるにも国が決《き》めた資格《しかく》が必要《ひつよう》です。これは、花火関連《かんれん》の仕事《しごと》をしている人だけが取《と》ることのできる資格です。花火師《はなびし》と呼《よ》ばれる人たちが協力《きょうりょく》して、あの見事な花火大会を作り上げています。

さて、打ち上げ花火は、火薬の玉が、打ち上げられた空中で爆発《ばくはつ》し、そこからすべての方向《ほうこう》に同じ速《はや》さで火花が飛《と》んでいくので、その広がりは、まん丸い球《きゅう》になります。

たんぽぽの丸く白い綿毛《わた》を想像《そうぞう》してみてください。それが空一面に、大きく大きく広がっているような形です。球なので、離《はな》れたところからでは、どこから見ても同じようにまん丸に花開いて見えます。

とはいえ、火花がしだれ柳《やなぎ》のように長く振《ふ》り降《お》りてくるものや、斜《なな》めにした円盤《えんばん》のような形に花開くものなど、最近《さいきん》は、火花の飛ぶ速さや火薬の広がり方をさまざまに工夫《くふう》して、単純《たんじゅん》な球ではないものも多くあります。そういった花火は、主《おも》に、斜め下や横《よこ》のほうから見て、もっとも効果的《こうかてき》に見えるように工夫してあるようです。しだれ柳のように降り注《そそ》ぐ花火を、ドローンで上空から見下ろすと、菊《きく》の花が開くように広がり、そのまま落下《らっか》していく様子がとらえられます。

花火はすべて、火をつけると爆発する火薬と、燃《も》えるときれいな色の火花を出す金《きん》属《ぞく》（金属の炎色《えんしょく》については第《だい》1巻《かん》の156ページ参照《さんしょう》）が混《ま》ざった粉《こな》を、いっしょにして作られています。

花火のきれいな色のもとになる金属は、それぞれ決まった色を出します。ナトリウムは黄色、カルシウムは赤っぽい橙色《だいだいいろ》、ストロンチウムは深《ふか》い赤色、バリウムは黄《き》緑色《みどりいろ》、銅《どう》は青緑色、といった具合《ぐあい》です。物質《ぶっしつ》によって原子の構造が違《ちが》うせいで、酸《さん》素《そ》とくっついて燃えるとき、それぞれ決まった色の光しか出せないのです。

これらの金属が混ざった粉が、どんどん変《か》わる複雑《ふくざつ》な花火の発色を決めるので、その調合《ちょうごう》は花火職人《しょくにん》の腕《うで》の見せ所になります。

さて、ここで出てきた金属の粉の名前や、火薬と聞いて、ちょっと不安《ふあん》になった人がいるかもしれません。それに、これらが燃えて出る気体やススは、大気を汚《よご》しそうですよね。SDGs《エスディージーズ》の、いくつかの目標《もくひょう》の解決《かいけつ》のため、環境に優《やさ》しい行動《こうどう》が必要です。花火は、環境に影響を与《あた》えないでしょうか。

結論《けつろん》から言えば、与えます。

もともと人類《じんるい》の活動の大部分《だいぶぶん》が環境に影響を与えるのですが、活動と影響とを天《てん》びんにかけて、それでも活動が大切な場合、私《わたし》たちは影響を最小限《さいしょうげん》にする工夫をしながら、活動を続《つづ》けてきました。このような活動は、生きることに不可欠《ふかけつ》なもの以外《いがい》でも、人類が生きがいをもって、元気に明るく生きていくために必要な活動もあります。そして、その範囲《はんい》をどこまで広げるかを決めるのも私たち自身《じしん》です。

例《たと》えば、①日本の夏の風物詩《ふうぶつし》である花火大会は、生存《せいぞん》に不可欠かといえば、そうではありません。②季節《きせつ》を感《かん》じ、それを通して自然《しぜん》や命《いのち》に感謝《かんしゃ》する、昔《むかし》ながらの風習《ふうしゅう》を大切にするという点では必要です。また、③この娯楽《ごらく》が人々に与える思い出は、たくさんの人にとって貴重《きちょう》なものになるかもしれません。でも、④一気に人が集まるので、そのせいで事故《じこ》も起《お》こりやすくなったり、ゴミも増《ふ》えたりする問題《もんだい》があります。⑤みんなが楽しみにしている花火大会で生じる大気汚染《たいきおせん》は、ごく一時の小規模《しょうきぼ》なもので、山火事などに比《くら》べれば小さな影響しか与えないでしょう。⑥花火が上がると、回収できない細かな破片《はへん》などのゴミが飛び散ります。それは自然界《しぜんかい》に影響を残《のこ》すでしょう。⑦日本の精巧《せいこう》な花火技術《ぎじゅつ》は一朝一夕《いっちょういっせき》にできたものではなく、いくつもの産業《さんぎょう》にも関《かか》わる貴重なものですから、技術を伝《つた》えていくためにも、成果《せいか》を発表《はっぴょう》する場である花火大会は重要です。

ちょっと考えただけでも、天びんにのせる材料《ざいりょう》はこんなにたくさん出てきます。

そして今、多くの人が影響を危惧《きぐ》する一方で、今後も長く続けていけるように、⑥についてては素材を工夫することで改善《かいぜん》しようとしています。また、④についても、主《しゅ》催者《さいしゃ》や自治体《じちたい》がどうしたら問題を減《へ》らせるかを模索《もさく》しており、ほかにも多くの取り組みがなされています。

皆《みな》さんは、どう考えますか。

形のないもの。浮《う》かんでいる空気にも重《おも》さがあるというけれど、どうやったら量《はか》れるの？

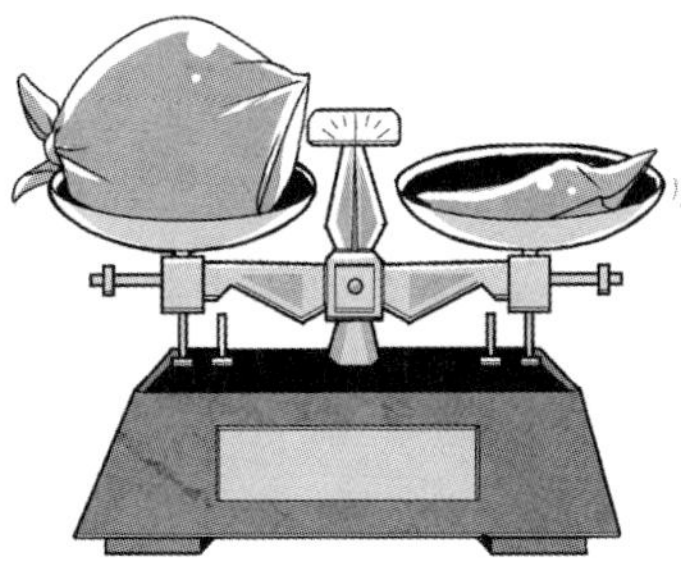

今日は理科クラブの発表会《はっぴょうかい》です。これから、みんなに見せる出し物《もの》をします。とおこさん、のあさん、わたるさんの三人は横《よこ》一列に並《なら》んで、しっかり手をつなぎました。

三人を代表《だいひょう》して、とおこさんがあいさつします。

「氷《こおり》は固体《こたい》、水は液体《えきたい》、水蒸気《すいじょうき》は気体です。こうして、同じ水であっても姿《すがた》が違《ちが》うように、ものの状態《じょうたい》は固体、液体、気体の三態があります。私《わたし》たちはこれからそれを劇《げき》でお見せします。」

理科クラブのみんなが拍手《はくしゅ》をしました。

今度《こんど》は、のあさんの台詞《せりふ》です。

「固体は、水の分子がしっかり手をつないで固まっている状態です。クラスのみんなで手をつないでぎゅっと一箇所《かしょ》に固まり、じっと動《うご》かずにいるときみたいです。固体は形がほとんど変《か》わりません。でもそのとき、分子は飛《と》び出したくて、うずうずしてふるえています。こんなふうに……」

三人は顔を見合わせると、手をつないだまま、体を上下にふるわせました。

「私たち、固体でーす！」

それから、わたるさんが続《つづ》きを言いました。

「液体は、水の分子のいくつかが手をつないで、自由《じゆう》に動き回っている状態です。例《たと》えば、こんなふうに……」

一人が手を放《はな》しました。二人と一人は揺《ゆ》れながら、途中《とちゅう》で手をつなぐ相手《あいて》を変えたりしながら、あたりをふらふらと歩き回りました。

最後《さいご》に三人は顔を見合わせ、声をそろえて言いました。

「私たち、気体になりまーす！」

そして、三人はばらばらになって、一目散《いちもくさん》に三方に走って散ってから、少しだけ開《ひら》いたドアから部《へ》屋《や》の外に飛び出して行きました。

見ていたみんなも大笑《おおわら》い。大きな拍手が巻き起こりました。

「何の道具《どうぐ》も使《つか》わないのに、すごい出し物《もの》だったね！」などと、みんなが楽しそうに話しています。

このアイディアを思いついたのはとおこさんで、台詞はわたるさんが、動き方はのあさんが考えました。三人は、ふだんは空気の研究《けんきゅう》をしていて、最近は空気の重さを測ろうとしています。そのため、気体がどんなに自由奔放《じゆうほんぽう》か、すぐにすき間《ま》からどこかに漏《も》れ出て行ってしまうかを知っていました。

水中をぷくぷく上っていく空気の泡《あわ》はとても軽《かる》そうですが、それにもちゃんと重さがあるはずです。重さを量《はか》るためには、はかりにのせなければなりません。では、空気を容器《ようき》に入れ、逃《に》げないように閉《と》じ込《こ》めて、はかりにのせたら重さがわかるのでしょうか?

三人は、初《はじ》めはそう考えていました。そして、まずは細かく量ることのできるデジタルのはかりで、風船に閉じ込めた空気の重さを量ってみました。

やり方はこうです。空気を入れる前の風船をのせてから、はかりの目盛《めも》りを調節《ちょうせつ》し、そのときの重さを0にしておきます。そして、空気をふき込んで、膨《ふく》らませた風船をのせてみました。空気のぶん、重くなると思ったのですが、なぜか目盛りは変わりません。三人は何度も実験《じっけん》をして、この方法《ほうほう》では、目盛りが変わらないことを確《たし》かめました。やはり、空気は軽く、軽ければ重さはないのでしょうか。いいえ、そんなはずはありません。

そこで三人は、今度はふつうのビニール袋《ぶくろ》に空気を入れて、口をしばったものを上皿《ざら》天びんの片《かた》側の皿にのせ、反対《はんたい》側の皿には、空のビニール袋をのせてみました。空気の重さのぶん、つり合わなくなると思ったのです。しかしやはり、天びんはつり合ってしまいました。

けれども、ここでとおこさんがあることに気が付きました。

「両側《りょうがわ》の皿にのっているのは、何かな……」

「え？」と二人が聞き返《かえ》すと、とおこさんはあたりを指《ゆび》さしました。

「もともと、この上皿天びんは空気の中にあるじゃない？　空のビニール袋ののっている皿の上にだって空気はあるでしょう？　両方の皿の上には、どちらも空気とビニール袋がのっているってだけなんじゃないのかな。」

のあさんが、ハッとしてつぶやきました。「同じだ。」

わたるさんもうなずきました。

「そうか、空気はビニール袋に閉《と》じ込めても、ふつうに入れただけじゃあ、周囲《しゅうい》の空気と同じものがビニールにかこまれただけなんだ。同じものだから、つり合ってとうぜんだ。」

風船を持《も》って、のあさんが軽く押《お》してみます。

「風船にたくさんの空気を詰め込んだけど、そのぶん風船は膨らんだよね。そこの場所を占《し》めていたはずの空気が、周囲に追《お》い出されたわけだ。膨らんだ風船は、押しのけたぶんの空気を詰め込んだのと同じことなのね。」

「そうだね。はかりの目盛りを0にセットしたときと同じものがはかりの上にのっているわけだから、目盛りは変わらなかったのよ。」

つまり、空気の重さを量るには、形が変わらず、中の空気の量だけが変えられる容器《ようき》があればいいはずです。それに気がついた三人は、そういうものはないか探《さが》していて、便利《べんり》なものに行き着《つ》きました。それは、真空保存容器《しんくうほぞんようき》です。

これは台所用品《だいどころようひん》で、中に空気を入れたり抜《ぬ》いたりしても、簡単《かんたん》には形が変わらない容器です。できるだけ空気を抜いたときと、入れたときを比《くら》べてみることにしました。

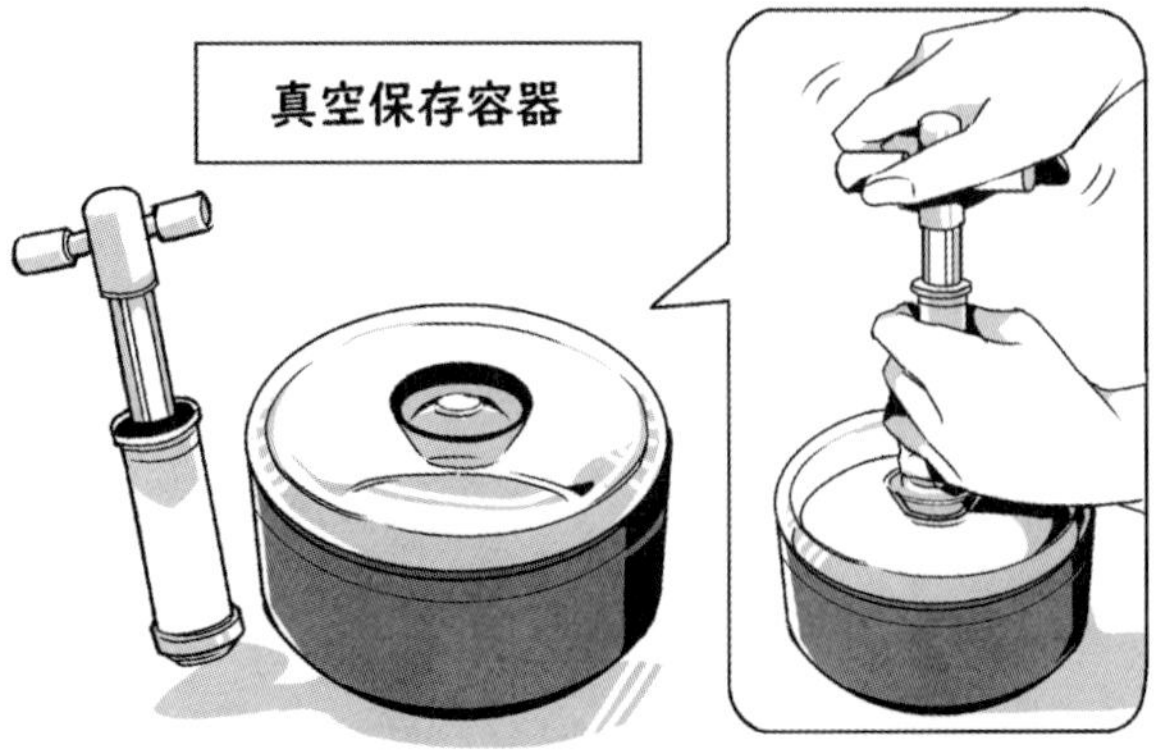

「これだと、空気をどのくらい入れたり抜いたりしているかは簡単に量れないね。」

「でも、空気に重さがあるかどうかは確かめられるはず。」

それほど大きな器ではないので、一つの容器では量りにくいかもしれませんが、5個《こ》も重ねれば、今度《こんど》こそ、はっきりわかるくらい目盛りの数字が増《ふ》えて、空気に重さがあることを確かめられるに違いありません。今、三人はその測定《そくてい》を何度も試《ため》しています。

「これに成功《せいこう》したら、どのくらいの量の空気を抜いたか、入れたかを、ピストンみたいにして量を量れる、目盛りがついたもので試していこう。」

そんなことも話し合っています。

日常《にちじょう》、私たちを取《と》り巻《ま》いている空気は1立方メートルでおよそ1キログラムあまりです。空気の重さと言っているものは、1立方メートルの体積《たいせき》の中にある、すべての空気の分子の重さのことです。つまり、温度《おんど》や湿度《しつど》、気圧などで状態が変わるので、空気の重さは、実は一定ではありません。

球形《きゅうけい》と表面張力《ひょうめんちょうりょく》。水滴《すいてき》が丸く玉になるのはなぜ？どうして1円玉が水に浮《う》くの？

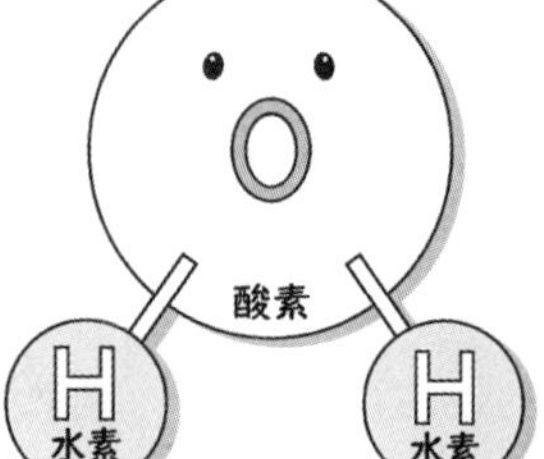

【水の分子】

雨が上がりました。木の枝《えだ》には無数《むすう》の水滴がついています。るかさんは、水滴が丸いことに気がついて、先生に聞いてみました。

るか「先生、どうして木の枝についている水滴は丸いのですか。」

「るかさん、いい質問《しつもん》ですね。手の甲《こう》やレインコート、表面がつるつるした葉《は》などに水滴がのると、丸く玉になるときがあります。そうですね……運動場《うんどうじょう》でクラス全員《ぜんいん》のお友だちと、手と手をつないで広がったときを想像《そうぞう》してみましょう。」

るか「お友だちと手をつなぐ？」

「そう。みんなで手をつないで、思いきり広がると……」

るか「丸い輪《わ》になります。」

「そうです。水は、分子という小さな粒《つぶ》からできています。分子は、原子という、もっともっと小さな粒が、いくつか集《あつ》まってできています。水の分子は、水素《すいそ》と酸素《さんそ》という二種類《しゅるい》の原子が、1つの分子につき水素2個《こ》と酸素1個、全部《ぜんぶ》で3個集まって、かたまりになっています。

さて、この水の分子どうしは、ちょうど、お友だちどうしで手をつないでいるように、引き合いながらつながっています。今度はゴム風船を思い浮《う》かべてみてください。ゴム風船に空気を入れるとゴムが伸《の》びていきます。すると、縮《ちぢ》もうとする力でゴムどうしが引き合い、丸く、ぱんぱんになって膨らんでいきますよね。それと同じように、水の分子どうしが、しっかり引き合っているので、丸く玉になるのです。」

るか「なるほど、ゴム風船でイメージがわきました。」

「この引き合う力を表面張力といいます。表面張力があるから、コップに水を入れたときに、コップのふちを超《こ》えても、すぐにはあふれず、もり上がった状態になります。けれども、何かの上に水をたらしたとき、水の分子が、隣《となり》にある水の分子よりも、たらした先のものの分子と強く引き合うときは、丸くはなりません。水をはじく、表面がつるつるしたチラシなどの紙の上では丸くなって、新聞紙の上ではほとんど丸くならないのは、このためです。」

るか「ありがとうございました。1円玉が水に浮く理由についても教えてください。」

「では、実際《じっさい》にやってみましょう。まず、1円玉を縦《たて》にして、ぽちゃんと水に入れてみましょう。」

るか「沈《しず》みます。」

「そうなんです。水は、1立方《りっぽう》センチメートルあたり1グラムですが、1円玉は2・7グラムあります。同じ体積《たいせき》の水と比《くら》べて重《おも》いと、そのものは水に沈みます。では、どのようにしたら浮くのでしょう。1円玉を平《たい》らに持《も》ち、なるべく水に触《ふ》れないようにして、そおっと浮かべてみましょう。」

るか「なるべく水に触れないようにって難《むずか》しいですね。あっ、できました！」

「同じように、ぬい針《ばり》でも浮かせることができますよ。沈むはずの1円玉が水面にぷかりと浮くのは、平らに置いたときだけです。1円玉の重さが、平らな広い面全体に散《ち》らばってかかります。水の分子はしっかり手をつないで、それを支えます。つまり、水の表面張力のおかげで浮かぶのです。

1円玉を水の中に、縦に入れたときは、狭《せま》い面積に1円玉の重さが全部《ぜんぶ》かかります。さすがの表面張力でも、そんなに支《ささ》えることはできません。

表面張力があるからこそ起《お》こる現象《げんしょう》は、身《み》の回りのあちこちで見られます。アメンボが水面に浮いていることができるのもそうです。

1円玉が浮いている水に台所用洗剤《だいどころようせんざい》をたらすと、とたんに沈んでしまいます。実は洗剤には、水の分子のつながりを切る働《はたら》きがあるのです。

1円玉やぬい針ならいいですが、アメンボが気持ちよさそうに泳《およ》いでいる水面に洗剤をたらすのは絶対《ぜったい》にやめてくださいね。

問い ザーザーと滝《たき》のように降《ふ》る雨も水滴なのでしょうか。

答え 大量《たいりょう》に落《お》ちてきて、水道の流《なが》れのようですが、一つひとつは大粒《おおつぶ》の水滴です。まん丸い形で落ち始《はじ》めますが、空気抵抗《ていこう》で少し、おまんじゅうのようにへしゃげます。

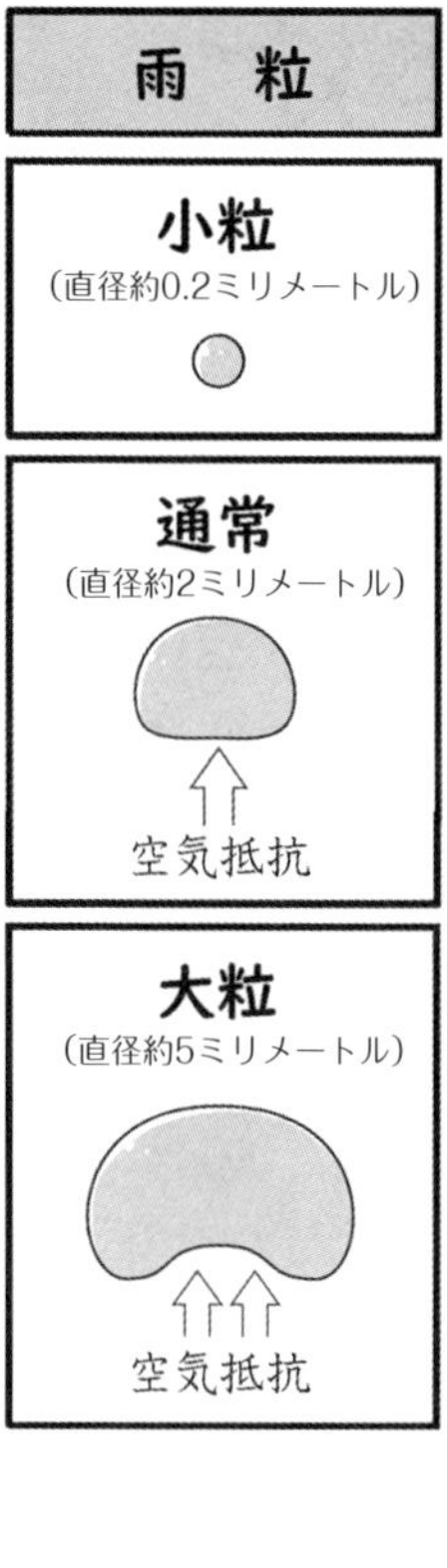

真《ま》っ暗《くら》な洞《どう》窟《くつ》で形を知る。コウモリはどうやって周《まわ》りの様《よう》子《す》をとらえているの？

コウモリはどうやって真っ暗な洞窟の形を知るのでしょうか。

私《わたし》たちは自分の目の前に壁《かべ》があるとき、眼《め》を閉《と》じていても手を伸《の》ばせば指《ゆび》が触《ふ》れて、壁があることがわかります。では、手が届《とど》かない場合、どうすればわかるでしょうか。いろいろな方法《ほうほう》が考えられますが、例《たと》えばボールを投《な》げてみると、壁にぶつかってはね返《かえ》ってきて、そこに壁があるとわかります。

コウモリは、このボールの代《か》わりに超音波《ちょうおんぱ》という、人には聞こえないくらい高い音の波を発《はっ》して、はね返ってくる音の波を受《う》け止めて周囲《しゅうい》の様子をとらえています。私たち人間も、洞窟に入ると声や靴音《くつおと》の反響《はんきょう》で、その広さがなんとなくわかりますよね。コウモリは、それをもっと正確《せいかく》に行っているのです。

私たちはいろいろな音に囲《かこ》まれて暮《く》らしています。たいこの場合はたいこの皮《かわ》が、ギターの場合は弦《げん》が、笛《ふえ》の場合は笛の中の空気がそれぞれ振動《しんどう》し、空気などを揺《ゆ》らしながら伝《つた》わって私たちの耳にたどり着《つ》き、耳の中の鼓《こ》膜《まく》を揺らすことで初めて、脳《のう》で「音だ！」と認識《にんしき》されるのです。

空気のような、耳まで振動を伝えるものがなければ音は存在《そんざい》しません。よく、宇宙《うちゅう》が舞台《ぶたい》の映画《えいが》で大爆発《だいばくはつ》の効果音《こうかおん》がありますが、宇宙は空気もなく、ほとんど真空ですから、実は、何も聞こえないはずなのです。月にも空気がありません。月面《げつめん》で宇宙飛行士《うちゅうひこうし》どうしが話をしたいときは、どうしたらいいと思

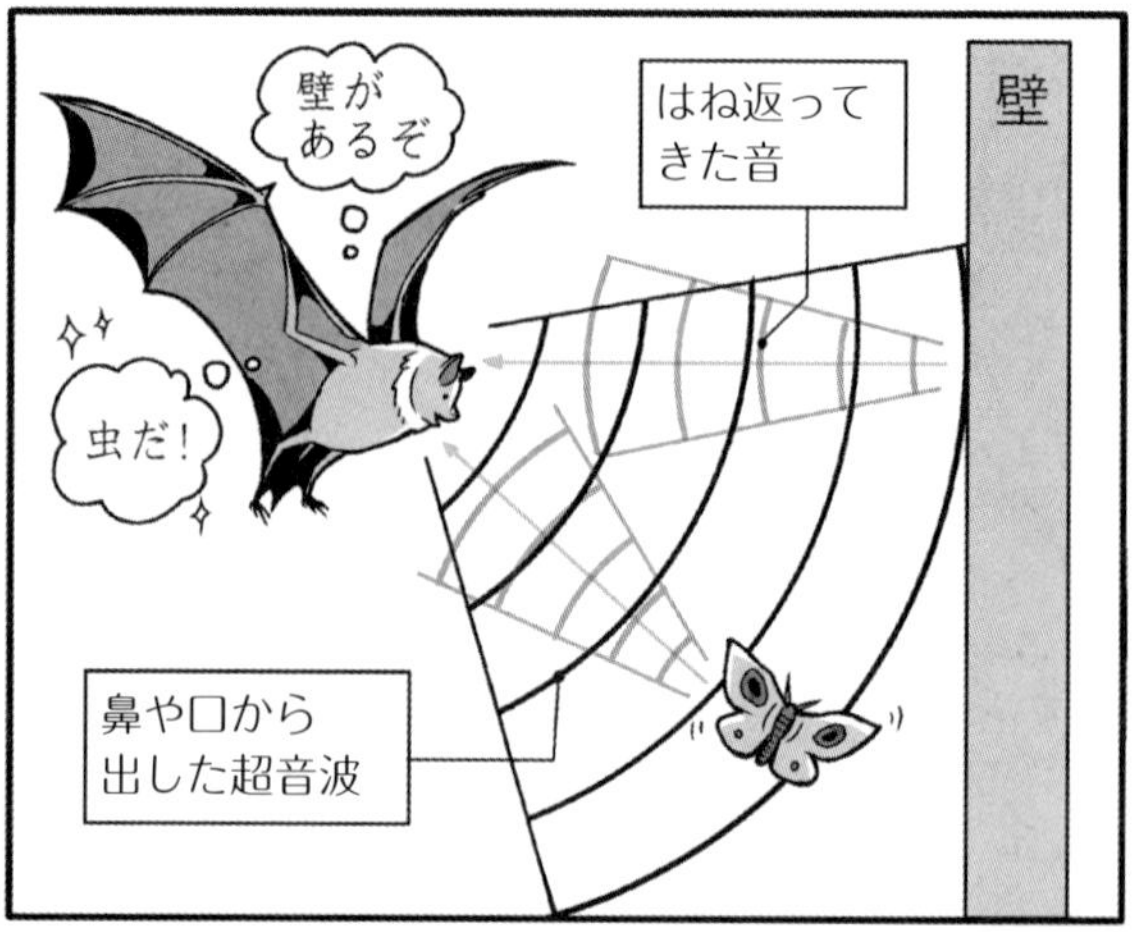

いますか？　それは宇宙服《うちゅうふく》のヘルメットをくっつければいいのです。音は固体《こたい》の中も伝わりますから、ヘルメットが音の波で振動することで話ができます。

一秒間《びょうかん》に振動する回数を振動数といいます。一秒間に1回振動すると1ヘルツ、100回振動すると100ヘルツです。振動数が小さいほど音は低《ひく》く、振動数が大きいほど高い音になります。大だいこの、お腹《なか》に響くような低い音は、たいこの皮を目で見ていると、揺れ具合《ぐあい》がわかるくらい、緩《ゆる》やかに揺れています。それに比《くら》べ、甲高《かんだか》い音を出す小だいこの表面《ひょうめん》は、目にもとまらぬ速《はや》さで揺れています。ちなみに、ピッピッピッポーンと聞こえる時報《じほう》の、はじめに3回聞こえる低い音は440ヘルツ、最《さい》後《ご》の高い音は880ヘルツです。

ヒトが聴《き》き取《と》れる音は、およそ20～2万ヘルツの振動数の音です。ヒトが聞こえないくらい高い音を、超音波というのです。ヒトの耳が頭の両側《りょうがわ》に二つあるのは、自分の声などの音を反射《はんしゃ》させることで、位置《いち》の判断《はんだん》を行うことができるからだと考えられています。コウモリは、2000～20万ヘルツの範囲《はんい》なら聞こえるようです。そして、およそ1万~20万ヘルツの高い振動数の音を自分で出し、その反響を聴きながら、暗闇《くらやみ》でぶつからずに飛んだり、獲物《えもの》をつかまえたりします。

例えば10万ヘルツといえば、1秒間に10万回も空気を揺らす振動です。音は1秒間におよそ340メートル進《すす》みます。とするならば、一回の揺れで進めるのは3・4ミリメートルになります。揺れの波の大きさよりも大きいものが周りにあると、音の波はよく反射《はんしゃ》されます。つまり、3・4ミリメートルの波ならば、5ミリメートル程度《ていど》の小枝《こえだ》の先や、小さな岩の出っ張《ぱ》りでも、反射されるということになります。コウモリが、とても高い振動数の音を出すのは、それだけ細かい空気の揺れを作り、周りの小さいものに対《たい》しても反射できるようにするためです。そうすることで正確に周囲《しゅうい》の様子《ようす》を知ろうとしています。また、

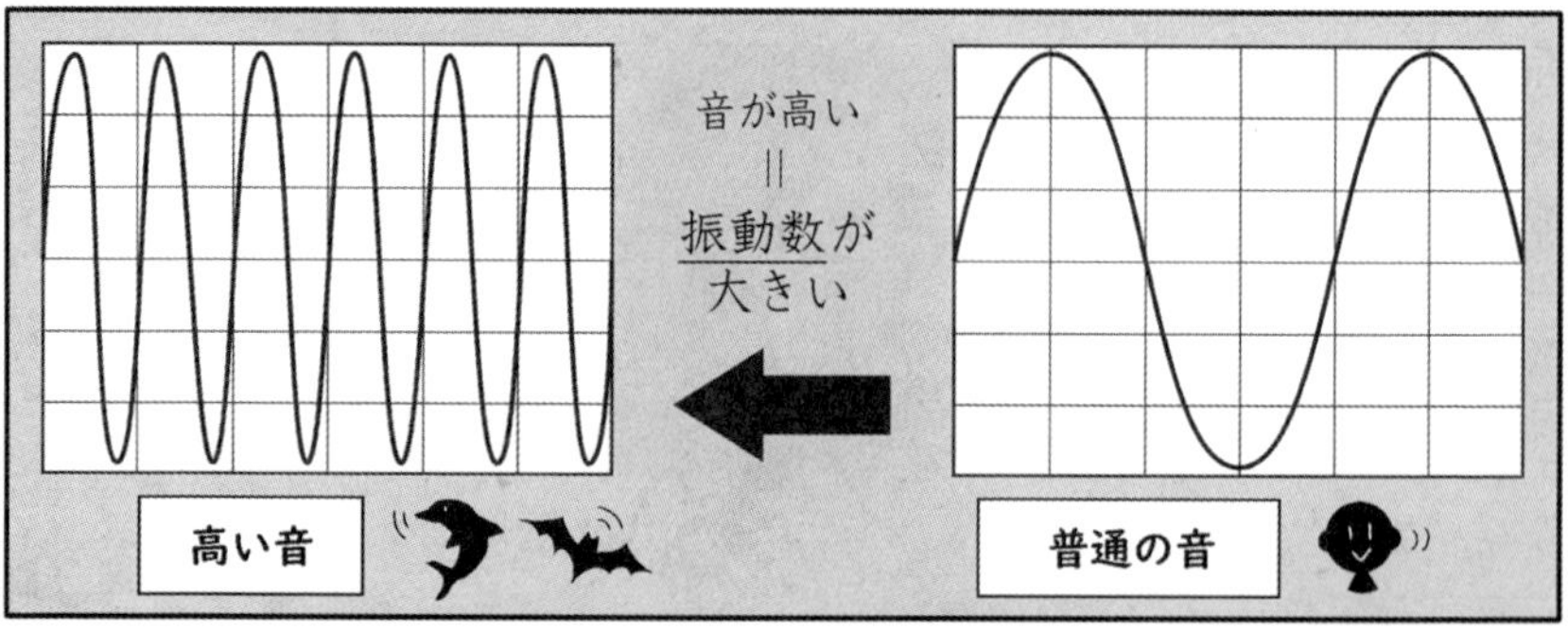

コウモリの耳もヒトと同じく二つあり、反射する音を両耳で聞いて、自分の周りを立《りっ》体的《たいてき》に理解《りかい》しているのです。

音の反射で周囲の様子を知る動物は、コウモリだけではありません。水の中も、真っ暗な洞窟ほどではありませんが、周りの様子がわかりにくいので、イルカやクジラは超音波の反射で水中の様子を探っています。

さらに、ヒトも利用しています。魚群探知機《ぎょぐんたんちき》も、その一つです。魚群探知機というと、漁師《りょうし》さんが漁船に装備《そうび》して使《つか》うイメージがありますが、最近では、小型化《こがたか》したものを一般《いっぱん》の釣《つ》り人も使うそうです。

こんなふうに、ヒトが、ほかの生き物に教わることも少なくありません。身《み》の周りでどんなものがどんなふうに、生き物を参考《さんこう》にしてつくられているか調《しら》べてみましょう。

ろうそくの炎《ほのお》は、どうして上のほうがすぼまった、不思議《ふしぎ》な形なの？

電気の明かりは便利《べんり》ですが、キャンドルやろうそくの明かりは、心がなごみ、ずっと見ていられます。ひかるさんは、ろうそくの明かりを見ていて、揺《ゆ》れるろうそくの炎の形が不思議《ふしぎ》に思えてきました。そこであかりの博物館《はくぶつかん》に行ってみました。

ひかる「こんにちは。ろうそくの炎について聞きたいのですが、上のほうがどんどん細くなっていて、どうしてこんな形なのか知りたいと思って。」

「それでは、試《ため》しに、ここにまっすぐ立てたろうそくの炎の、ずっと上のほうに手をかざしてみてください。あたたかい空気が上がってくるのがわかりますか。」

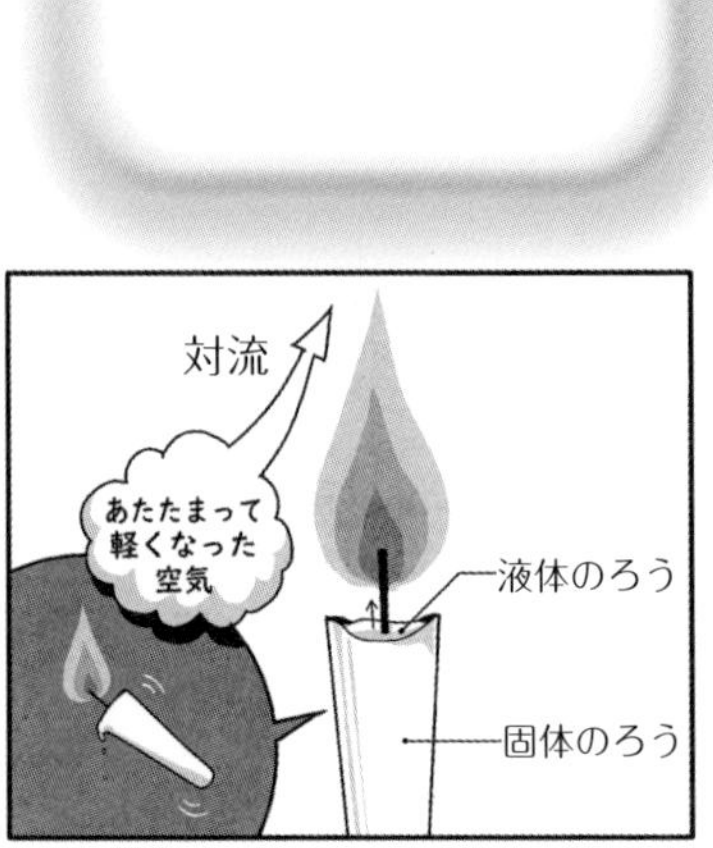

ひかる「はい、わかります。離《はな》れていてもけっこう熱《あつ》いですね。」

「そうなんです。ろうそくの炎の最高温度《さいこうおんど》は１４００度にもなるそうです。ですから、周《まわ》りの空気もすぐに熱くなります。熱くなった空気は、さらに外側《そとがわ》の、まだ冷《つめ》たい空気に比《くら》べて軽《かる》くなります。」

ひかる「どうして軽くなるのですか。」

「軽くなるというのは、重《おも》さが変《か》わるわけではありません。空気を作る気体の分子は、あたたまると勢《いきお》いよく飛《と》び回りはじめ、動《うご》く範囲《はんい》が広がります。ですから、あたたまって膨《ふく》らんだ空気は同じ体積《たいせき》で比べると、冷たい空気よりも軽いのです。同じ体積あたりの重さを密度《みつど》といいます。空気はあたたまると密度が小さくなるともいえます。

〝軽くなった〟空気は、上へ上へとのぼっていきます。この空気の流れを対流《たいりゅう》といいます。このあたたかい空気の流《なが》れで、炎も上に引きのばされていくのです。

対流で『上に向かう』とは、地面《じめん》から遠いほうに向かうということです。軽いと『上』に行くのは、重力《じゅうりょく》、すなわち地球《ちきゅう》が地上にあるものを引く力が、軽いものには小さくしか働かないからです。重力が大きく働く重いものは、軽いものに対して『下』に向かうことになります。」

ひかる「対流のおかげで、ろうそくは美《うつく》しい形の炎を出して燃《も》えるのですね。」

「その通りです。では、燃えているろうそくの芯《しん》のそばを見てみてください。溶《と》けたろうに『すす』が浮《う》いています。そのすすがとても早いスピードで、芯に向かって流れていくのが見えますか。すすの流れから、固体《こたい》のろうが熱で溶けて液体《えきたい》になり、その液体は芯に向かうことがわかります。液体のろうは、芯をつたわって上にのぼっていきます。そして、炎の熱で液体から気体になって、空気中の酸素《さんそ》とむすびつき、燃《ねん》焼《しょう》して炎ができているのです。（固体、液体、気体については第《だい》4巻《かん》の65ページ参照《さんしょう》）

ですから、ろうそくをかたむけても、この燃焼のしくみと空気の対流は変わらないので、炎は上に向きます。ただし、溶けてたまっている分のろうは、真下にぽたぽたとたれてきますから、注意《ちゅうい》してくださいね。

ろうは熱を加《くわ》えるとすぐ溶けて、燃えやすいのが特徴《とくちょう》です。ろうそくは植物《しょくぶつ》や動物から採取《さいしゅ》したろうから作られますが、紀元前《きげんぜん》1550年頃《ごろ》の古代《こだい》エジプトですでに使われていた記述《きじゅつ》があるほど、歴史《れきし》の長いものです。

ところで、ひかるさんは、国際宇宙《こくさいうちゅう》ステーションで、重いものも、軽いものも、ふわふわ浮いている映像《えいぞう》を見たことがありませんか。」

ひかる「はい、あります。」

「あれは無重力状態《むじゅうりょくじょうたい》*ですね。あの状態でろうそくの炎を撮影《さつえい》したら、どうなったと思いますか？」

ひかる「重さが関係《かんけい》なくなるから……、うーん、想像《そうぞう》できません。」

「実は、ろうそくが燃えて、周りの空気の密度《みつど》が変わっても、重力の影響《えいきょう》がある地上と違《ちが》って、対流は起《お》きません。すると、ろうそくの炎はほぼ真ん丸なんです。」

ひかる「へえーっ、そうか、空気の対流が炎を上にのばすんだから、それがなくなればのびないわけで、そうすると丸なのか。ろうそく一本で、いろいろなことがわかりました。」

「それは、よかったです。」

問い マッチをすって火をつけたとき、マッチ棒《ぼう》の先を下に向けてはいけないのはなぜでしょう。

答え 炎は上にのぼるので、マッチ棒の根《ね》元《もと》を持《も》っている指《ゆび》に炎が当たり、火傷《やけど》をしてしまうから。

＊無重力状態は、重力がない状態ではありません。正《せい》確《かく》には「重力が感《かん》じられない状態」です。無重量《むじゅうりょう》状態とも言います。

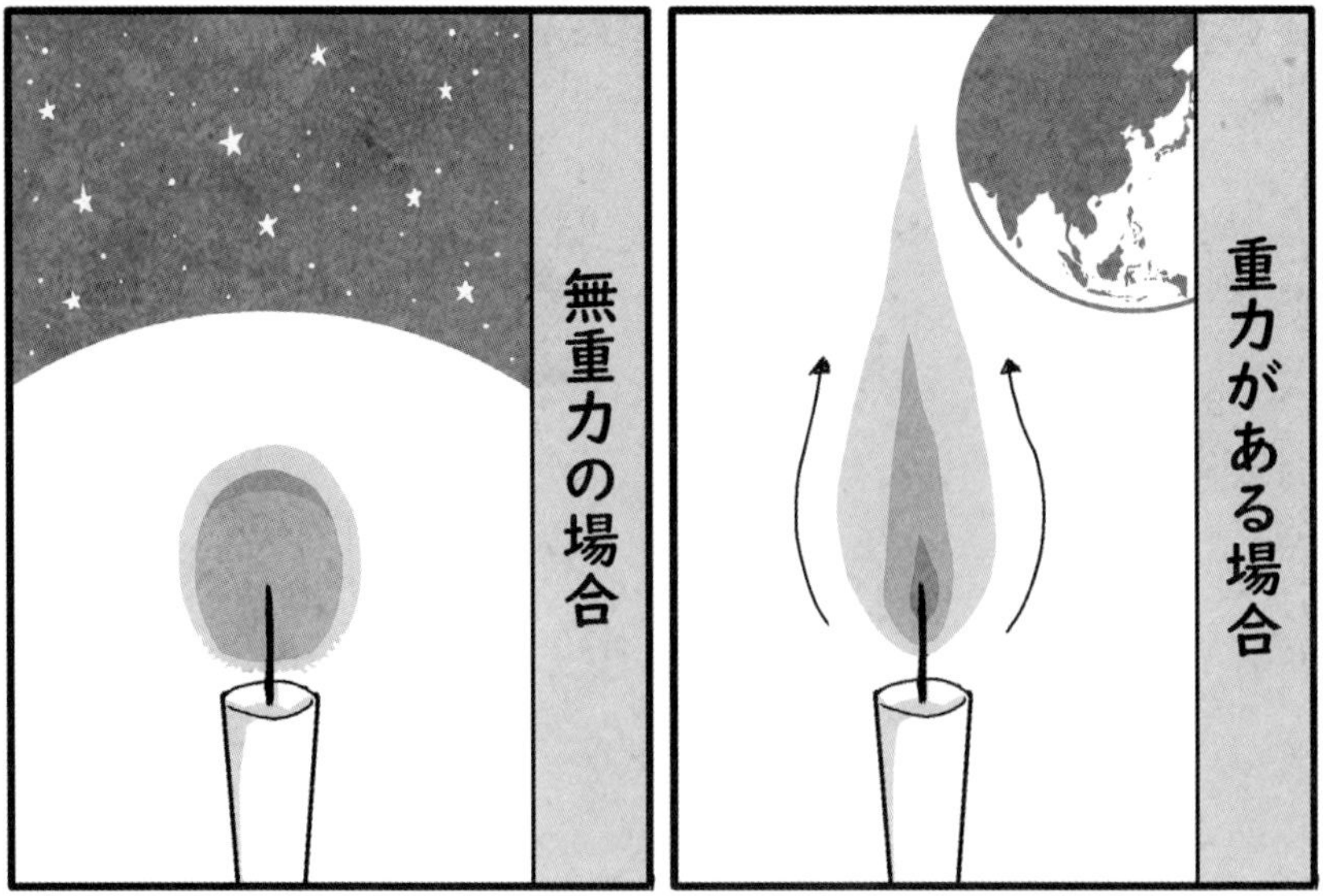

規《き》則《そく》正しい形。雪の結《けつ》晶《しょう》にはいろいろな形があるってほんと？

さや「雪が降《ふ》ってきた！」

みう「虫メガネで雪の結晶が見られるって聞いたから、やってみようよ。」

さや「本当に見られるの？」

みう「こうして黒い手ぶくろで雪を受《う》け止めて……、あっ、見える見える。」

さや「私《わたし》もやってみる。わーっ、きれいね。」

みう「雪の結晶ってみんな同じ形だと思っていたけれど、少しずつ違《ちが》うみたいね。」

さや「そうね。どうして違うのかな。そうだ！　雪の科学館《かがくかん》に行って聞いてみよう。」

「ようこそ、いらっしゃいました。雪の結晶の形についての質問《しつもん》ですね。皆《みな》さんがよく知っているように、雪は水が凍《こお》ってできたものです。ところが、水をただ冷《ひ》やしても固《かた》い氷《こおり》になるだけです。雪の結晶は、水が凍っていくときに、空の高いところのどのあたりで、どんな温度《おんど》や湿度《しつど》になっているかで、できてくる形が決《き》まってきます。有名《ゆうめい》な六角の花形から、針《はり》に似《に》た形のもの、楽器《がっき》のつづみに似た形のものなど、空の様子《ようす》がさまざまなぶん、形もいろいろあります。」

「空気中にある水蒸気《すいじょうき》は、冷えると水や氷になります。そのとき必《かなら》ず、中心となる核《かく》を必要《ひつよう》とします。とくに雪の結晶は、その核からゆっくりと育ち、結晶が0・1ミリメートル以上《いじょう》に育《そだ》つと雪としてあつかわれます。」

みう「どんなものが核になるのですか。」

「空気中のチリやホコリです。」

さや「えーっ、じゃあ、食べないほうがいいような……」

「まあ、そうですね。結晶の形を決めるのは、まずは温度です。温度が低《ひく》くなるにつれて、板《いた》のように平《ひら》たい結晶から、柱《はしら》のように太さのある結晶へ、さらに板状《いたじょう》へ、柱状へと、かわりばんこにできる形が変《か》わります。

もう一つの大切な決め手は、水蒸気の量《りょう》です。凍ってくる水分は、空気中で気体である水蒸気でいられなくなった水です。その量が多い、つまり湿度が高いと、板や柱のとがったところが伸《の》びていきます。また、形がどんどん複雑《ふくざつ》にもなります。

空の上は場所《ばしょ》により、気温や湿度が異《こと》なります。雲の中でできた結晶の赤ちゃんは、その中を少しずつ成長《せいちょう》しながら、ゆっくりと落《お》ちてきます。ゆっくりなのは小さく軽《かる》いからですが、これは雪の結晶が育つ上でとても大切なことです。これが早く落ちてしまうと、美《うつく》しい雪の結晶にはなりません。」

みう「それで、いろいろな形の雪の結晶ができるのですね。」

「はい。例《たと》えば、上空が気温マイナス15度前後で湿度が高いと、結晶は、よく絵がらになっている六方の枝《えだ》をのばした形に育ちます。同じ温度でも湿度が低いと、正六角形の板になります。

雪の結晶に魅《み》せられ、科学的《かがくてき》に正確《せいかく》に調《しら》べることができるような写真《しゃしん》を撮《と》り、結晶ができる気象《きしょう》条件《じょうけん》をつきとめたのは、中谷宇吉郎博士《なかやうきちろうはかせ》です。

中谷博士はこんなふうに考えました。『天然《てんねん》に見られる雪の結晶を全種類《ぜんしゅるい》人工的に作ることができれば、実験室《じっけん》内の温度や湿度などの測定値《そくていち》から、今度は逆《ぎゃく》に、その形の雪の結晶ができたときの、空の上の気象条件を類推《るいすい》することができるはずである。』

類推というのは、それをもとにして想像《そうぞう》できる、というような意味《いみ》です。」

さや「なるほど。」

「さらに、中谷博士の『このように見れば雪の結晶は、天から送《おく》られた手紙であるということができる』という言葉《ことば》は有名です。」

みう「天から送られた手紙って、なんて素敵《すてき》な言葉なんでしょう。」

さや「早速《さっそく》帰って、天からの手紙を読んでみます！」

形がゆがむ不《ふ》思《し》議《ぎ》。ジュースにさした紙ストローが、曲《ま》がって見えるのはなぜ？

まゆみさんは、「最近《さいきん》は紙ストローが多くなったね。」と言いながらストローをとって、弟のなおきさんに渡《わた》しました。なおきさんは不思議そうに聞きました。

「お姉ちゃん、以前《いぜん》は違《ちが》ったの？」

「そうよ。ＳＤＧｓ《エスディージーズ》の目標の実現のために、環境《かんきょう》を考えてものを使《つか》うようになっているでしょう。ストローも以前はプラスチックがほとんどだったけど、最近は紙のものも増えたの。」

「紙のほうがいいの？　味《あじ》が変わったみたいになって、あんまり好きじゃないんだけど。ゆっくり飲《の》んでいると飲みにくくなっちゃうし。」

なおきさんがそう言うと、まゆみさんも肩《かた》をすくめて同意《どうい》しました。

「まあ、たしかに私もそう思うけれどね。でも、プラスチックの利用《りよう》*は減《へ》らしていくほうがいいし、もっと使い勝手《がって》のいい紙ストローも、今度は出てくると思うわ。」

そう言って、ジュースの中にストローを差《さ》し込《こ》みました。

「お姉ちゃん、曲がっちゃってるよ、紙ストロー！」

なおきさんが叫《さけ》びました。まゆみさんはびっくりしてストローを引き上げてみました。まっすぐの、ふつうのストローです。でもまた、ジュースの中に差し込むと、水《すい》面《めん》のところで曲がります。

「ああ、これは屈折《くっせつ》っていうのよ。お風呂《ふろ》でお湯《ゆ》の中に手を入れると、手が短《みじか》かったり小さく見えたりするでしょう。水の中では、変《へん》な見え方をするのよ。」

「びっくりした！　ストローのせいかと思ったよ。でも、どうしてこんなふうに変な見え方になるの？」

そこで、まゆみさんは、以前、お母さんに教わったことを思い出しました。

『光はまっすぐに進《すす》みます。光は、太陽《たいよう》や照明といった光源《こうげん》から出て、曲がることなく四方八方に進んでいき、物《もの》にぶつかるとはね返《かえ》ります。これを反射《はんしゃ》といい、直接《ちょくせつ》光を出していないものも、光源からの光に照らされ、それを反射することで私たちの目にその姿《すがた》が届《とど》いて「見える」のです。反射するところでは、向《む》きが反転《はんてん》しますが、やはりまっすぐ進んでくるので、なおきさんが考えるように、形がゆがむことはありません。でも、折れ曲がっていないストローがジュースの中に入ると、その表面《ひょうめん》で曲がっているように見えてしまいます。これは光の屈折によって起こります。光の進み方によるもので、人の目はだまされてしまうのです。

屈折が起《お》こる理由《りゆう》は、光の速《はや》さにあります。光は、真空《しんくう》や空気の中を進《すす》むときと、水の中を進むときで速さが違《ちが》います。光は、真空中や空気の中を、1秒《びょう》間におよそ30万キロメートル進むのですが、水の中では遅《おそ》く、およそ23万キロメートル、ガラスの中では20万キロメートルしか進めなくなります。

さて、進む速さが違うと、どういうことが起こるのでしょうか。小さな子《こ》どもが乗《の》るような、おもちゃの車に乗っているところを想像《そうぞう》してください。公園の舗装《ほそう》された小道を走っていって、片方の車輪が芝生《しばふ》の上に乗り上げたらどうなりますか。乗り上げた車輪だけ、進みにくくなるでしょう。小道の上にあるほうの車輪は、変わらずに進もうとします。そのため、進みにくい車輪のほうがつっかかるような感《かん》じで、車の進行方向が曲がってしまいます。

光の場合も同じです。水面に斜《なな》めに差《さ》し込む光は曲がります。先ほどの、おもちゃの車のように、進みにくい水面にぶつかることで、遅くなるところが出てきて、曲がってしまいます。このようにして、水と空気、ガラスと空気といったように、ものの状態《じょうたい》が違うところの境目で光の屈折が起《お》こります。

ストローは、ジュースの上から表面、底《そこ》まで長くのびています。ジュースの表面より上は空気なので、ふつうに見えています。表面から下は、光の進み方が遅くなるので、本当の位置《いち》よりも上にあるかのように光が進んでくることで曲がって見えます。』

お母さんに教わったことをふまえ、説明を終《お》えたまゆみさんは、なおきさんのメガネを指《ゆび》さしました。

「水ではなく、ガラスの屈折を利用しているのがレンズ**よ。私たちはメガネ、カメラ、顕微鏡《けんびきょう》、望遠鏡《ぼうえんきょう》なんかにも使っているの。」

「ふうん。僕《ぼく》はジュースでストローが曲がる原理を活用して、メガネでものを見ているわけか。」

なおきさんは、昔《むかし》の人が光の性質《せいしつ》を利用する方法《ほうほう》を発明《はつめい》してくれたことに改めて感謝しました。

もっと使い勝手のいい紙ストローを作って欲《ほ》しいと感じたら、それを工夫《くふう》しようと考えるように、人が暮《く》らしやすくなるものを追《お》いかけて、そのための研究《けんきゅう》を積《つ》み重《かさ》ねていくこと、そして、それをみんなで応援《おうえん》していくことは大切です。それはSDGsの目標の一つである「産業《さんぎょう》と技《ぎ》術《じゅつ》革新《かくしん》の基盤《きばん》をつくろう」をかなえる一歩でもあります。

*プラスチックの利用《りよう》については第《だい》1巻《かん》の151ページを参照《さんしょう》。
**レンズについては第3巻の16ページを参照。

4 時間と空間の理科

何度《なんど》も道を曲《ま》がったのに、ずっと月がついてくるのはなぜ？

日が暮《く》れて間もなく、東には光輝《かがや》く月が昇《のぼ》っています。はるあきさんが児童館《じどうかん》に行った帰り道、迎《むか》えに来てくれたお父さんと歩いていると、遠くの建物《たてもの》の上に昇ってきた月が見えました。
「あ、月だ。きれいだなあ。」
はるあきさんの声に、お父さんも空を見上げて、
「おお、見事《みごと》だなあ。そういえば、はるあきは小さいとき、月が後をついてくるって言ってたな。」

と言いました。

「え、僕《ぼく》そんなこと言ってた？　すごく自分中心な考え方だね。宇宙空間《うちゅうくうかん》にある月が、ついてくるわけないのにな。」

二人は道を曲《ま》がると、またその次の角を曲がり、右に左にゆるやかな弧《こ》を描《えが》いて続《つづ》く細い道を歩いて行きました。家はもう目の前です。

「ついてきてるじゃないか、ほら。」

お父さんが思わぬ方向《ほうこう》を指《ゆび》さしました。

「え？　あれ、なんであんなところに月がいるの。さっき、あっちにいなかった？」

びっくりしたはるあきさんは、しばらくキョロキョロ辺《あた》りを見回しました。

「ああ、そうか。あっちが東だもの、月はさっきの場所《ばしょ》にいるだけなんだ。僕が方向を見失《みうしな》っていたんだね。」

公園で見た月が、家に帰ってもついてきていると不思議《ふしぎ》に思う子どもはたくさんいます。また、ぼんやりとバスに乗《の》っているときなど、ついさっきまで右手側に見えていたのに、気がつくと左手側にあって、あれっ……と驚《おどろ》くことがあります。特《とく》に、ビルのように高い建物が多い、曲がりくねったところを移動《いどう》していると、月はあちらこちらと顔を見せて、まるでついてきているように思えます。月がどこからでも見えるのは、近くの鉄塔《てっとう》や向こうの山などよりも、はるかに遠くにある天体だからです。ある時刻《じこく》、地上のどこから見ても、月は夜空の同じ位置《いち》にあります。はるあきさんが思ったように、自分が道を何度も曲がることで、自分の体の向いている方向を見失うと、同じ場所にあるはずの月が、予期《よき》しないところから顔を出します。まるで、場所を移動してついてきたようです。

この意外性《いがいせい》のもう一つの原因《げんいん》は、月が動いていることにあります。月は少しずつ、空高く昇っていくので、見える位置が変《か》わってきます。また、高くなってくるとどんどんじゃまするものがなくなり、地上から月を見ることができる場所が増《ふ》えていきます。その速《はや》さは、私《わたし》たちがなんとなく想像《そうぞう》しているよりもずっと速いのです。月は、前の日の同じ時刻《こく》にいた場所には50分ほど遅《おく》れてやってきます。つまり、丸一日と50

分かけて360度巡《めぐ》っているのです。これをもとに考えると、2分もあれば、ちょうど月の大きさぶんくらい動くのです。道を10分も歩けば、静止《せいし》しているように見える夜空の天体の間を、月は、位置が変わったとはっきりわかるくらい移動します。

「はるあきと月の位置関係《かんけい》は、縦横高《たてよこたか》さのある立体の空間の中だから、平面《へいめん》より、ややこしいな。それに、時間の経過《けいか》が加《くわ》わって、お互《たが》いの位置に変化《へんか》が起《お》きたんだ。」

しみじみと月を眺《なが》めてから、お父さんが少し難《むずか》しいことを言いました。

「立体って、算数で体積《たいせき》を求《もと》めるよね。平面は、面積だ。」

「そう。算数や理科でこの世界《せかい》を考えるときに重要《じゅうよう》な考え方なんだ。例《たと》えばここにサツマイモがあるだろう？　はるあきは立体の世界にいるから、これは太いサツマイモだなとわかる。でももし、はるあきが平面の世界の人だったら、そのはるあきにとってのサツマイモは、この断面《だんめん》なんだ。」

「平面で考えるから、この丸い断面がサツマイモだって思うわけか。」

「そう。立体のはるあきにサツマイモを渡《わた》すと、立体の世界では、ふつうにサツマイモは、はるあきに向かって移動する。でも、平面のはるあきにとったら、小さい点がだんだん大きな円になって、またただんだん小さくなって、点になってなくなる、みたいな感《かん》じになるんだ。」

「点が、サツマイモの端《はし》っこってこと？　大きな丸は、真《ま》ん中へん。渡すって、移動するのに時間が流《なが》れるね。科学では時間と空間って言い方をするけれど、それって、この世界で測《はか》れることだから、科学であつかえるってことなのかな。」

　お父さんは楽しそうに、はるあきさんの肩《かた》をたたきました。

「はるあきも難《むずか》しいことを考えるようになったな。そう、縦横高さ、３つの軸《じく》がある空間を三次元、縦と横だけの平面《へいめん》を二次元、線を一次元という。」

「じゃあ、四次元は？　あ、時間も過去《かこ》から未来《みらい》に方向があ

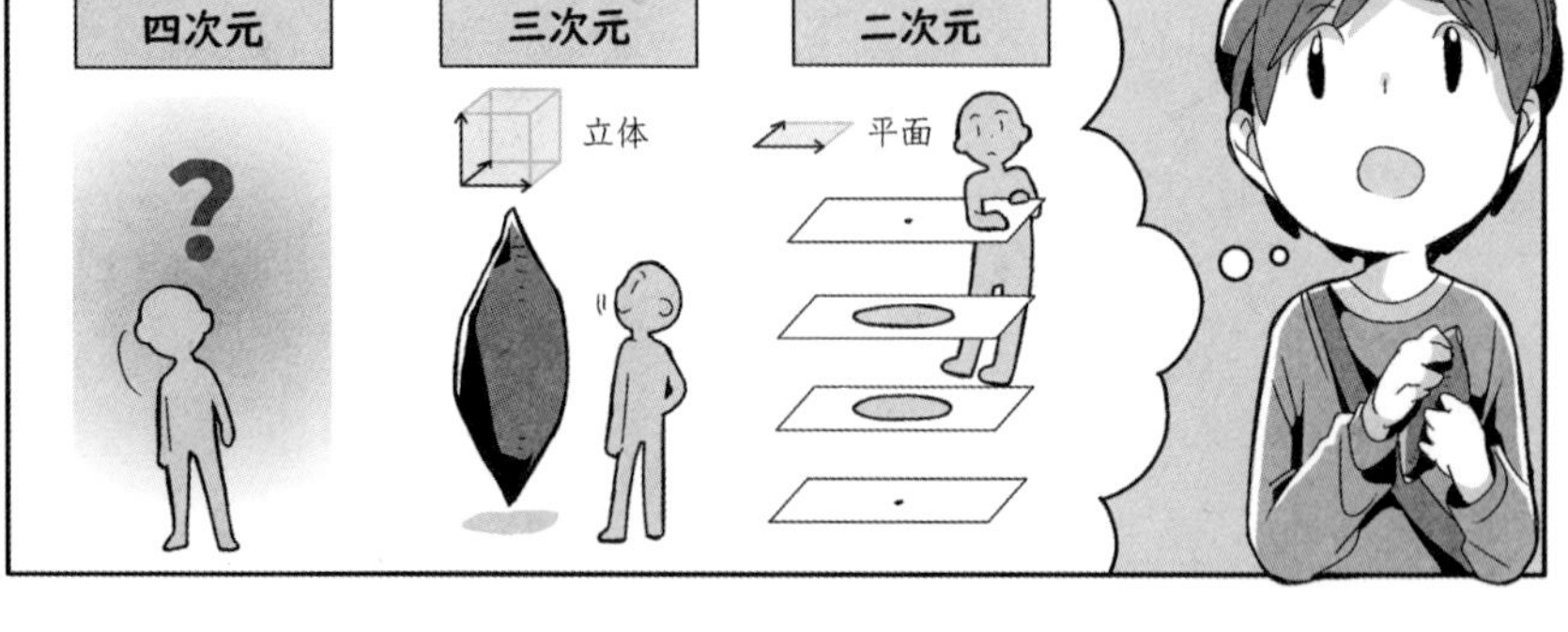

るから、これを軸とすると、それを加《くわ》えて四次元だ。」

「それも一つの考え方だな。算数と理科でそれぞれいろいろな軸を考えて、世界の見方を研究《けんきゅう》している。これは、例《たと》えば、SDGs《エスディージーズ》のように、世界中の人たちに関わるような大きな目標《もくひょう》を実現《じつげん》していくために、直接役《ちょくせつやく》に立つ技術《ぎじゅつ》や発明《はつめい》じゃない。けれど、そういった、必要《ひつよう》なものを考えていくためには、とても重要な基礎《きそ》なんだよ。」

お父さんの言葉《ことば》に、はるあきさんは大きくうなずきました。

問い 月の近くに、金星が出ています。月と金星は、時間がたつと、どのように動くのでしょうか？

答え 空の天体が動いているように見えるのは、地球《ちきゅう》が回転《かいてん》しているからなので、どちらも同じように動いて見える。

真空《しんくう》では、熱《ねつ》が伝《つた》わらないはずなのに、太陽《たいよう》からの熱が宇宙《うちゅう》を伝わって地球《ちきゅう》に届《とど》くのはなぜ？

熱が伝わるということは、分子や原子といった小さな粒《つぶ》の動《うご》きが伝わるということです。例《たと》えば、鉄《てつ》のフライパンをガスの火で熱すると、底《そこ》の部分の鉄の、原子の運動《うんどう》が活発《かっぱつ》になり、その活発な動きがフライパン全体にも伝わって、直接《ちょくせつ》熱していない取っ手まで熱くなるのです。取っ手が熱くなると持《も》てなくなって困《こま》るので、ふきんを巻《ま》いて持ったりしますね。また、木のようなあたたまりにくい素材《そざい》で取っ手が作ってあるフライパ

ンも多くあります。あたたまりにくい素材とは、原子や分子が動きにくく、互《たが》いに動きを伝えにくい物質《ぶっしつ》のことです。

一方、湯飲《ゆの》み茶わんに入れた熱いお茶が冷《さ》めるのは、お茶の分子の活発な動きが、茶わんの分子、さらに茶わんの周《まわ》りの空気の分子に伝わり、そちらをあたためてしまうからです。そうすると、お茶そのものの分子の動きは鈍《にぶ》ってしまい、冷めてしまいます。ものが元気に動き回るエネルギーには、運動エネルギーという名前がついています。そして、原子や分子全体《ぜんたい》がたくさん運動エネルギーをもっているような状態《じょうたい》では、温度《おんど》が高いので、ひとまとめに「熱エネルギーがある」といいます。

さて、このとき、お茶の分子の運動エネルギーを受《う》け取る相手《あいて》がいなければ、お茶の分子はいつまでも元気に動き回ることができます。例えば、空気の分子がいなければ、熱エネルギーが逃《に》げていってしまうことはありません。空間に分子がないと「真空」です。真空では、分子で熱は伝わりません。ただ、完全《かんぜん》に分子が一粒もないのではなく、とても少ない場合も真空と呼《よ》びます。

まほうびんは、ガラスを二重《にじゅう》にして、その間は真空に近い状態にしています。そうして熱を伝わりにくくしているのです。ただし、完全な真空状態を作ることは難しいので、ずっと沸《わ》かしたての温度というわけにはいきませんが。

ところで、地球には、真空の宇宙を伝わって、太陽からあたたかい熱が届きます。これは、まほうびんと何が違《ちが》うのでしょうか。

太陽の表面《ひょうめん》温度は、6000度にもなります。その熱は、分子の運動ではなく、電波《でんぱ》や光のなかまとして地球《ちきゅう》にやってくるのです。これらをまとめて電磁波《でんじは》と呼びます。太陽の熱を伝える電磁波を赤外線といいます。赤外線は、1800年にハーシェルという人が発見しました。ハーシェルは、プリズムで分けた太陽の七色の光のうち、赤が

いちばんあたたかくなることを見つけました。さらに、赤の外側《そとがわ》の目に見えないところの温度がもっとも高くなることに気づいたのです。それは、目には見えないけれど熱を伝える光であると考えられ、赤外線と名付《なづ》けられました。

ちょっと難しいのですが、電磁波は、空間そのものがプルプルとふるえて、その振動《しんどう》が伝わるとイメージしてみてください。ですから、何もなくても、真空でも伝わるのです。この電磁波の振動エネルギーは、地上などで、ぶつかったところで初《はじ》めて、ぶつかったものに吸収《きゅうしゅう》されて、熱エネルギーに変《か》わるのです。それで、太陽の光が当《あ》たったところやものは、あたたかく、時には、ものすごく熱くなるわけです。

例《たと》えるなら、私《わたし》たちの周《まわ》りの熱の伝わり方は、教室で先

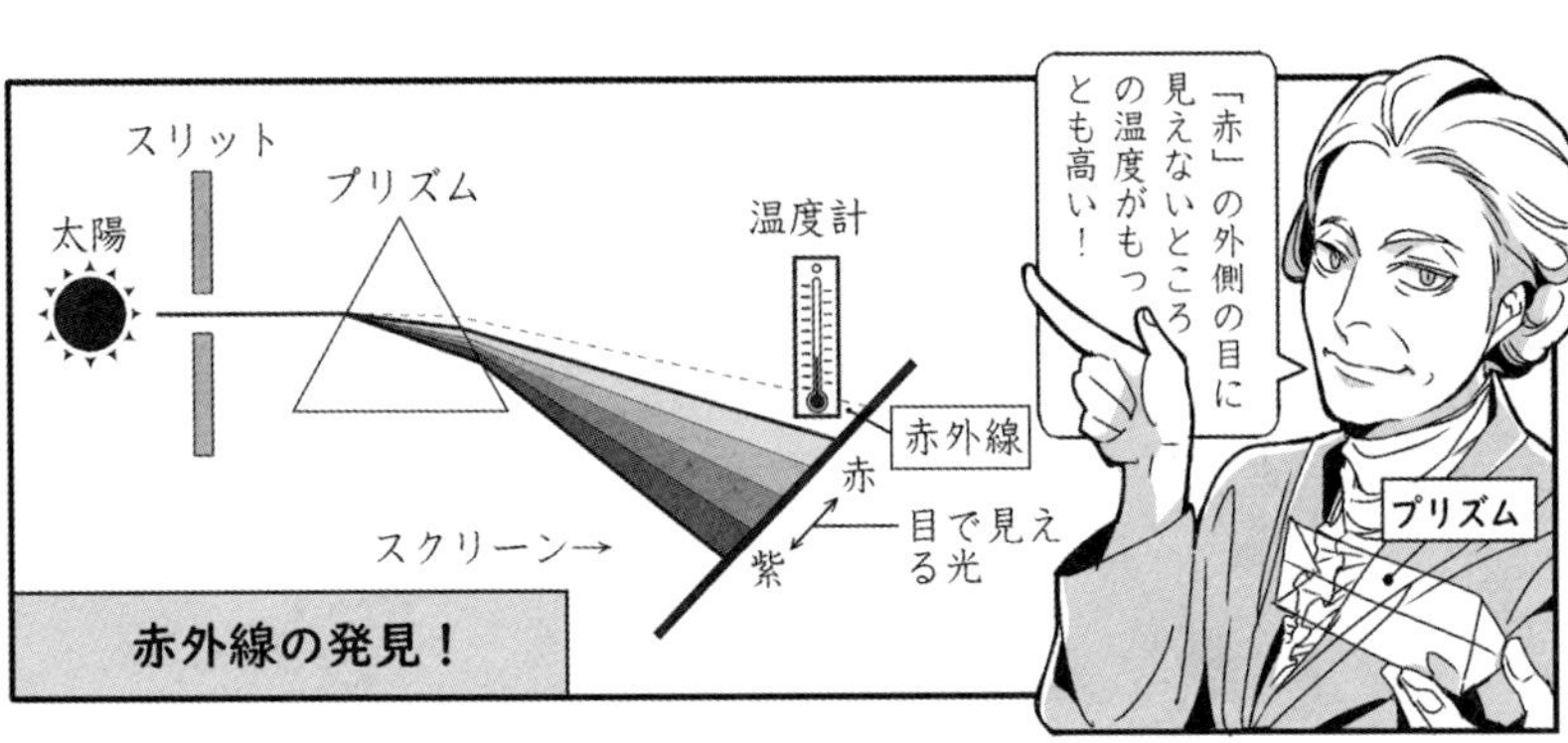

赤外線の発見！

生がプリントを一番前の人に、手渡《てわた》すようなものです。次々《つぎつぎ》に後ろの人にそのまま渡していくと、一番後ろの人にプリントが届きます。太陽の熱の伝わり方は、一番前と一番後ろの人しかいないようなものです。一番前の人がプリントを紙ひこうきにして、一番後ろの人にすうっと飛ばして届けるようなものでしょうか。もちろん、教室でこんなことをしてはいけませんが。

地球の大気のいちばん上の端《はし》で、太陽光線に垂直《すいちょく》な、1平方《へいほう》メートルの面積《めんせき》が1秒《びょう》間《かん》に受け取る太陽のエネルギーがあれば、300ミリリットルの水の温度《おんど》を1度上昇《じょうしょう》させることができます。太陽の熱のエネルギーは、お天気に左右されるという欠点《けってん》はありますが、お金もかからず、誰《だれ》にでも平等《びょうどう》に、しかもほぼ無限《むげん》に届くわけですから、これから、もっと活用されることが期待《きたい》されますね。

まとめ

- 分子や原子といった小さな粒の動きが伝わることで、熱が伝わる。

- 元気に飛び回る分子の運動エネルギーは、受け取る相手がいなければ、いつまでも元気に動き回ることができ、熱が周りに伝わることはない。
- 真空は、その運動エネルギーを受け取る分子がほとんどないので、熱は伝わらない。
- 太陽の熱は、分子の運動ではなく、赤外線という電磁波で伝わるので、真空の宇宙を伝わって地球にも届く。

日食は、どうして地球《ちきゅう》の決《き》まったところでしか見られないの？

校庭《こうてい》や公園に大きな建物《たてもの》があると、晴れた日には、その影《かげ》が地面《じめん》に落《お》ちます。影の中に、あなたが立っていたとしましょう。建物があるため、あなたに太陽の光は当たりません。影のさかい目に移動《いどう》すると、太陽の光が当たるようになるでしょう。日なたに移動すると、体全体に太陽の光が当たります。あなたが建物の影にいるか、影とのさかい目か、影の外かで、同じ太陽の光も、違《ちが》ったふうに当たります。

日食が起こっているとき、見上げるあなたの前には月があります。太陽とあなたの間に月があって、月の影があなた、つまり、地球上に落ちているのです。月の影は、地球上の一部《いちぶ》にしか落ちていません。だから、影の中である「日食が見える場所《ばしょ》」と、影の外、日なたにあたる「日食が見えない場所」があるのです。

建物とあなたの関係《かんけい》よりもややこしいのは、月が地球とは違うスピードで動《うご》いていることです。地上の月の影は動いていき、日食が見える場所も移動します。また、見上げている私《わたし》たちも、太陽の欠《か》け方が変化《へんか》していくのを見ることができます。

日食には、月が太陽を完全《かんぜん》にかくす皆既日食《かいきにっしょく》や、月の周りに太陽がはみ出す金環日食《きんかんにっしょく》、一部が欠けるだけで終《お》わる部分《ぶぶん》日食と、いろいろな種類《しゅるい》があります。いろいろな日食は、地球から見たときの、月と太陽の大きさの違いによるものです。月が地球の周りを回る道すじと、地球が太陽の周りを回る道すじは、まん丸ではありません。少しゆがんだ、だ円の軌道《きどう》のせいで、月と太陽の見かけの大きさは、ときによって変わって見えます。

皆既日食が見られる範囲《はんい》は、月という天体が小さいせいでとても狭《せま》く、2009年7月22日に日本で見られたときは、日本の陸上《りくじょう》では南のいくつかの島々《しまじま》にかぎられていました。そのため、船で海の上を移動《いどう》して、この影を追《お》いかけながら観測《かんそく》した人たちもいました。もちろん、日食は海の上でも見られるのです。太陽の光が一部だけさえぎられる部分日食は、かなり広い範囲で見ることができます。

日食が地域《ちいき》によって違って見えるのは、太陽そのものが本当に欠けてなくなっているわけではないからです。ここからわかることは、太陽そのものに起《お》こっている変化なら、地上のどこででも同じように観測できるはずだということです。太陽の表面《ひょうめん》にできている黒点《こくてん》という現象《げんしょう》や、表面の爆発《ばくはつ》であるフレアは、地上のどこからでも、太陽が見えるかぎり観測できます。

ところで、日食が地球に落《お》ちる月の影なら、月食は月に落ちる地球の影で、地球の影が月に落ちることで、月が欠けて

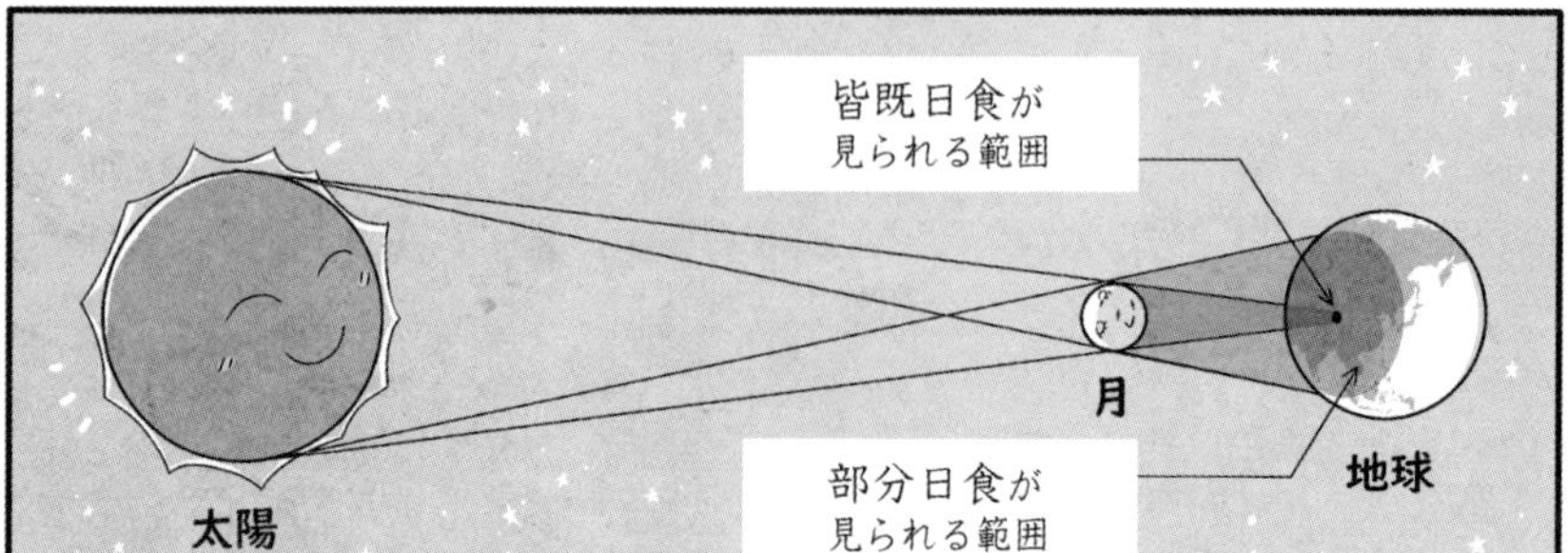

見えます。あなたの影が地面に落ち、小石が陰《かげ》になっているところを想像してみてください。この場合、小石が月で、あなたが地球です。小石は、あなたの影が落ちているかぎり、暗《くら》い影の中です。

月食は、月と太陽の間に地球が入ったことで起こります。月の表面にできた影ですから、地上のどこから見ても、月が出ていれば観測できます。

地《ち》球《きゅう》上で同じときに、昼のところと夜のところがあるのはなぜ？

イギリスにいるお母さんから連絡《れんらく》が入ったまりんさんは、通話画面《がめん》のお母さんに手を振《ふ》りました。

「おはよう、まりんちゃん。あ、こんばんは、かしら。」

「ママ、寝坊《ねぼう》した？　そっちはもう、朝の10時頃《ごろ》でしょう。」

まりんさんがそう言うと、昨夜《さくや》遅《おそ》くまで資料《しりょう》を読んでいてとかなんとか、お母さんは言い訳《わけ》をしていました。お母さんは今、出張《しゅっちょう》でイギリスに来ています。

「まりんちゃん、時差《じさ》がわかってるのね。どのくらい違《ちが》うのかも知っている？

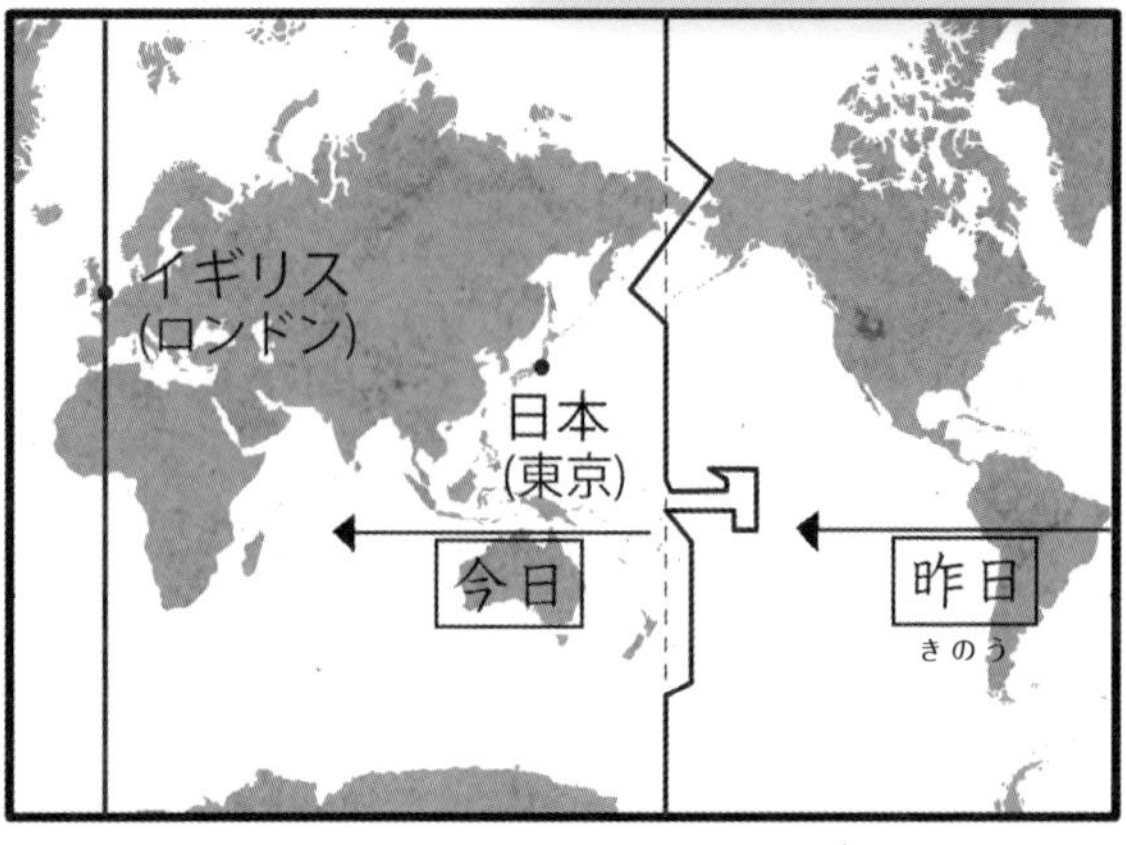

本初子午線
(経度0度)

日付変更線
(経度180度)

地球は丸くて、自分で回っているから、太陽《たいよう》の光に当たっているところが昼、当たってないところが夜になるのよ。」

まりんさんは、部屋の中に飾《かざ》ってある地球儀《ちきゅうぎ》をくるりと回しました。

「ママ、ご機嫌《きげん》だね。お仕事うまくいったの？　グリニッジには行けた？」

お母さんは、仕事のついでに一度、グリニッジ天文台を見ておきたいと、まりんさんに言っていました。

グリニッジ天文台とは、17世紀《せいき》に設立された、イギリスのテムズ川のそばにある天文台です。ここは、本初子午線《ほんしょしごせん》*が通る特別《とくべつ》な場所《ばしょ》です。今は博物館《はくぶつかん》になっていますが、昔《むかし》、この天文台で行った天体観測《てんたいかんそく》と、世界各地《せかいかくち》で行った観測の時刻《じこく》の差を調《しら》べて「経度《けいど》」を決《き》めました。経度は、この天文台を通る北極《ほっきょく》から南極までつながった子午線を基準《きじゅん》に、東西に180度ずつ分けて、位置《いち》を表しています。地球は西から東に自転《じてん》していて、24時間で一周《いっしゅう》します。例《たと》えば、グリニッジで夜の8時に真南《まみなみ》に見えた星が、1時間後の9時に真南に見える場所は、グリニッジより西にあることになります。

そこは、360度《ど》を24で割《わ》った、15度だけ西にある場所なので、西の方角の「経度15度」と言えます。

19世紀から20世紀にかけて、国際的《こくさいてき》にグリニッジが子午線を確定《かくてい》していって、地図や海図の基準になりました。

「行ってきたわ、天文台！　こっちの冬はどんより曇《くも》ってるから、すごく寒《さむ》かったけどね。グリニッジは大航海時代《だいこうかいじだい》**の港《みなと》だから、街《まち》ごと世界遺産《せかいいさん》で……。」

お母さんは、グリニッジの街や天文台の史跡《しせき》の様子《ようす》をいろいろ話してくれました。

「そうだ、ママに聞きたかったの。グリニッジ天文台が時刻の基準って、どういう意《い》味《み》なの？」

お母さんは、通話画面の中、まりんさんの近くに映っている地球儀を指《ゆび》さしながら言いました。

「グリニッジは、経度が0度でしょう？　そこを世界の時刻の基準にしているのよ。経度15度、東へ進《すす》むと1時間時間が進むから、180度だと12時間進むことになる。

東京は東経140度だから、15度の区切《くぎ》りで考えたら、9時間イギリスより進んでいる、ということね。***

同じく、経度15度、西へ進むと1時間遅れるの。こちらも180度で12時間。二つがぶつかるところが日付変更線《ひづけへんこうせん》ってわけ。そこで日にちのズレを合わせるの。日付変更線を東から西に越《こ》えるとき、日にちを1日進めるのよ。」

まりんさんが地球儀を見ると、日付変更線と書かれた線が、日本のずっと東のほうにありました。ちょっとジグザグに曲《ま》がっているところがあります。

「どうして曲がってるの？」

「日付を利用《りよう》するのは人でしょう。地域《ちいき》の生活に不便《ふべん》がないように、国々で相談《そうだん》して決めたから、理科でいう経度の線とは完全《かんぜん》には一致《いっち》していないわけ。」

「そうか、人の都合《つごう》なんだね。でも、考えてみたら、世界中で約束《やくそく》してグリニッジを基準にするって決めたんでしょう？　国際協力《こくさいきょうりょく》って大切だね。だって、位置の表し方とか時刻とか、それぞれの国で勝手《かって》にやってたら、ちょっとしたことでケンカが始《はじ》まりそう。人工衛星《じんこうえいせい》とか国際宇宙《こくさいうちゅう》ステーションとか、動《うご》かせないいんじゃないかなあ。今できていることが、いろいろ難《むずか》しくなっちゃいそう。」

「その通りね。20世紀の初《はじ》めの頃からずっと、国際天文学連合の会議《かいぎ》が何回も開《ひら》かれ、より正確に世界の時刻を決めていったの。SDGs《エスディージーズ》の目標の17番目に『パートナーシップで目標《もくひょう》を達成《たっせい》しよう』というのがあって、世界のすべての人が協力しようと呼《よ》びかけているけれども、その大切さがわかる事例《じれい》だと思うの。」

時刻も、位置の表し方も、いえ、それだけではありません。重《おも》さはキログラム、長さはメートル、時間は秒を基準にすることも、また、その単位《たんい》である、1キログラム、1メートル、1秒の大きさの決め方まで、世界中でそれぞれの専門《せんもん》の会議で話し合い、正確に決めました。そして、みんなでそれを使っています。科学の世界でも、国際協力は必須《ひっす》です。

「そろそろ出かけるから、切るわね。」と言うお母さんに、まりんさんは、つい、「おやすみなさい。」と言ってしまいました。

お母さんは優《やさ》しく微笑《ほほえ》んで答えました。
「おやすみ、まりんちゃん。私《わたし》は、これから『こんにちは』の時間だから、行ってきますね。」

問い まりんさんは、東京に住《す》んでいます。東京の経度《けいど》は、東経140度です。イギリスの現地時間《げんちじかん》で朝10時のお母さんから連絡が入ったとき、東京は何時頃ですか。
（ただし、夏時間***については考えないものとする。）

答え 夜の7時頃。
（140割る15は9・3…で、朝の10時から9時間進めると、夜の7時頃となる。）

*現在《げんざい》は修正《しゅうせい》されて、正確には天文台の100メートルあまり東側を通っている。
**15~17世紀頃、ヨーロッパ人が船で、アフリカ・アジア・アメリカに進出していった時代のこと。
***ヨーロッパは夏時間を導入《どうにゅう》している国が多く、3月~10月までは、日本との時差《じさ》が1時間短《みじか》くなる。

月のウサギ模様《もよう》が、いつ見ても同じに見えるのはなぜ？

子どもサイエンスキャンプ最終日《さいしゅうび》の夜、いろいろな国から集《あつ》まった、理科の好きな子どもたちによるお別《わか》れガーデンパーティーが開《ひら》かれています。広い芝生《しばふ》の庭《にわ》には、いくつものテーブルが出ていて、子どもたちが好《す》きそうなサンドイッチやかわいいミニおむすび、サラダにフライドチキンやポテトが並《なら》んでいます。テーブルによっては、特別《とくべつ》に工夫《くふう》された料理《りょうり》もあります。それは、世界《せかい》には宗教《しゅうきょう》や習慣《しゅうかん》で、食べないと決《き》まっているものがある人もいるからです。例《たと》えば、イスラム教の人は、豚肉《ぶたにく》やそれを使ったものなどを食べられません。食べて大丈夫《だいじょうぶ》なように、イスラム教の決まりで

きちんと処理した食品をハラール食品《しょくひん》と言い、間違《まちが》えないようにマークをつけたりします。インドに多いヒンドゥー教では、牛は聖《せい》なる生き物《もの》とされているので食べません。ほかにも、ベジタリアンの人は、肉や魚などを食べない習慣の人々ですし、さらに卵《たまご》や乳製品《にゅうせいひん》も食べない人たちはヴィーガンといいます。キャンプにはこういう家庭の子どももいるので、それぞれの考え方を大切にしています。

みんなそれぞれに、好きな食べられるものをお皿《さら》にとって、ワイワイおしゃべりをしています。日本語や英語《えいご》、手振《てぶ》り身振《みぶ》り、スマートフォンの翻訳《ほんやく》などが飛《と》び交っています。時には、どの国にも共通《きょうつう》な数字や式《しき》も使って、お別れ前の短《みじか》い時間に、たくさんの貴重《きちょう》な体験《たいけん》を思い出して語り合っているのです。

「それにしても、今日はきれいな満月《まんげつ》だなあ。ライオンが元気に吠《ほ》えてるよ。」

アラブ首長国連邦《しゅちょうこくれんぽう》から来たファレスさんがそう言ったのを聞いて、イタリアから来たリーチャさんが目を丸くしました。

「まあ、ファレスの国では月にライオンがいるって言うの？　私《わたし》は、あれは大きなハサミを持《も》ったカニだと思ってたわ。」

そう言ってから、慌《あわ》てて付《つ》け加《くわ》えました。

「あ、もちろん、本当にカニがいるわけじゃないのは知っているのよ。あの黒い影《かげ》がそう見えるって言われている、という話ね。」

それを聞いた、さとみさんもびっくりしました。

「ウサギの餅《もち》つきじゃないのね。」

思わずそうつぶやくと、スウェーデンから来たラーシュさんが楽しそうに微笑《ほほえ》みました。

「それはかわいいね。僕《ぼく》のところではおばあさんが本を読んでいるって言うよ。」

みんなは思わず顔を見合わせて、いっしょに笑い出しました。

「すごいなあ。どこでも満月は同じように見えるのに、あの黒い影の部分は人間が想《そう》像《ぞう》して、いろんなものとして見ているんだね。それぞれの地域《ちいき》で見慣れているものだったりするのかな。人間の想像力《そうぞうりょく》って楽しいなあ。きっとその力が、今のマンガやアニメを生み出したんだ。」

日本のマンガファンのファレスさんが胸《むね》を張《は》って言うので、また、みんなで笑ってしまいました。でも、たしかにいろいろなことを想像して何かを創作《そうさく》できるのは、人類《じんるい》の大きな力です。

「そういえば、どうして、月の柄《がら》っていつ見ても同じなのかしら。」

リーチャさんがラーシュさんを見ました。ラーシュさんは今回の子どもサイエンスキャンプで、月の探査機《たんさき》のことを調《しら》べて発表《はっぴょう》していたのです。

「一口に言って、地球のように月も自転《じてん》しているから、かな。」

「え、なんで？　月が回っていたら、黒い影の部分も回らない？」

目の前の花柄《がら》のコップを、さとみさんはくるりと回して見せました。自分のほうを向いていた花柄は、コップを回すにつれ、後ろ側《がわ》に行き、また手前に戻《もど》ってきました。

「うん、まわり方による。じゃあ、はじめにさとみが向こうの建物《たてもの》のほうを向いて立っていたとするね。リーチェには、さとみの前に立ってもらおう。さとみは常《つね》にリーチェを見ながら、リーチェの周りを歩いて回ってみて。ファレスは、さとみを見ていてね。」

半周すると、いつの間にか、さとみさんは建物とは反対《はんたい》のほうを向いていました。

「さとみが半分、自転したよ。」とファレスさん。

リーチェさんのほうを向いて、その周りを回るためには、さとみさん自身《じしん》も向きを変《か》えていますから、回っていることになります。リーチェさんが地球で、さとみさんが月です。リーチェさんは、いつもさとみさんの顔を見ています。

「月は、地球の周りをぐるりと大きく一周する。これを公転というよね。つまり月は、公転を一回する間に、自転もちょうど一回するので、地球にはいつも同じ面《めん》だけを見せているんだ。」

「なるほど、納得《なっとく》！」

リーチェさんとさとみさんは同時に声を上げました。

正確《せいかく》には、同じ面といっても、実《じつ》はきっちり半分しか見えないのではなく、ほんの少し回転軸《かいてんじく》がぶれて、一割《わり》ほどよぶんには見えています。

「地球は二十四時間で一回、自転しているのよね。月は地球の周りを回るのと同じということは、自転に二十七日ちょっとかかるんだな。長い！」

ファレスさんの感想《かんそう》に、ラーシュさんは眩《まぶ》しいほどの月の輝《かがや》きを指《ゆび》さしました。

「そうなんだよ。だからその結果《けっか》、月では昼が約《やく》二週間続《つづ》く。それに、月の重力はすごく小さいので、地球のように大量《たいりょう》の大気に包《つつ》まれていない。ゆっくりとした回転と、保護《ほご》するもののない表面は、太陽《たいよう》に焼《や》かれてる。あの明るく輝いている月の昼の側の温度《おんど》は１００度以上《いじょう》の高温になってるんだ。水が沸騰《ふっとう》して、どんどん蒸発《じょうはつ》しちゃう温度だよ。」

「なんだか、月って冷《つめ》たい光に見えるのに、そんなに熱《あつ》いんだ……人類の月面探検《げつめんたんけん》って、そんな過酷《かこく》なところに行っていたのね。でも、人類が月面に立っている写真《しゃしん》の影がすごく長く伸《の》びてるから、太陽の直下でないのは確かね。着陸《ちゃくりく》地点は明るいけど、暑《あつ》すぎない、活動《かつどう》しやすいところにしたのかもね。」

全員《ぜんいん》が月を見上げ、誰《だれ》ともなく「私たちも調査に行ってみたいね。」と、そうつぶやきました。

月の影になっている側は、冷たい宇宙空間《うちゅうくうかん》にさらされています。そのため、最低《さいてい》マイナス170度ぐらいにまで冷やされます。

また、月面には、海と呼《よ》ばれる部分《ぶぶん》と、陸と呼ばれる部分があります。本当に水があるわけではなく、全体を平均《へいきん》した面から数キロの深《ふか》さでくぼんでいる辺《あた》りが、岩石の種類《しゅるい》の違《ちが》いで黒っぽく見えるので、海と呼ばれているのです。これらのくぼみは昔《むかし》、いん石がぶつかってくぼんだところに溶岩《ようがん》があふれ出て固《かた》まったあとです。

「ウサギの餅つき」が見える側を、月の表と呼ぶならば、地球上では月の裏側を見ることはできません。しかし、現在《げんざい》は宇宙探査船による撮影《さつえい》で、月の裏《うら》側の地図も完成《かんせい》しています。表側ほど海というくぼみはなく、きょくたんにでこぼこしていて無数《むすう》のクレーターにおおわれていることがわかっています。

地球《ちきゅう》はなぜ、太陽《たいよう》の周《まわ》りをずっと回っているの？

地球の自転が止まらずに、回り続《つづ》けられるのはなぜでしょう？

地球も太陽も月も、宇宙にある天体は、自分自身《じぶんじしん》の軸《じく》の周りを回っています。これを自転《じてん》といいます。皆《みな》さんが遊《あそ》びで回すコマのようですが、コマと違《ちが》って軸足はありません。

コマは、軸足と台との摩擦《まさつ》でやがて止まってしまいますが、宇宙はほぼ真空状態《しんくうじょうたい》で、回転をじゃまするものがないので、何億《おく》年たっても止まらずに回り続けます。た

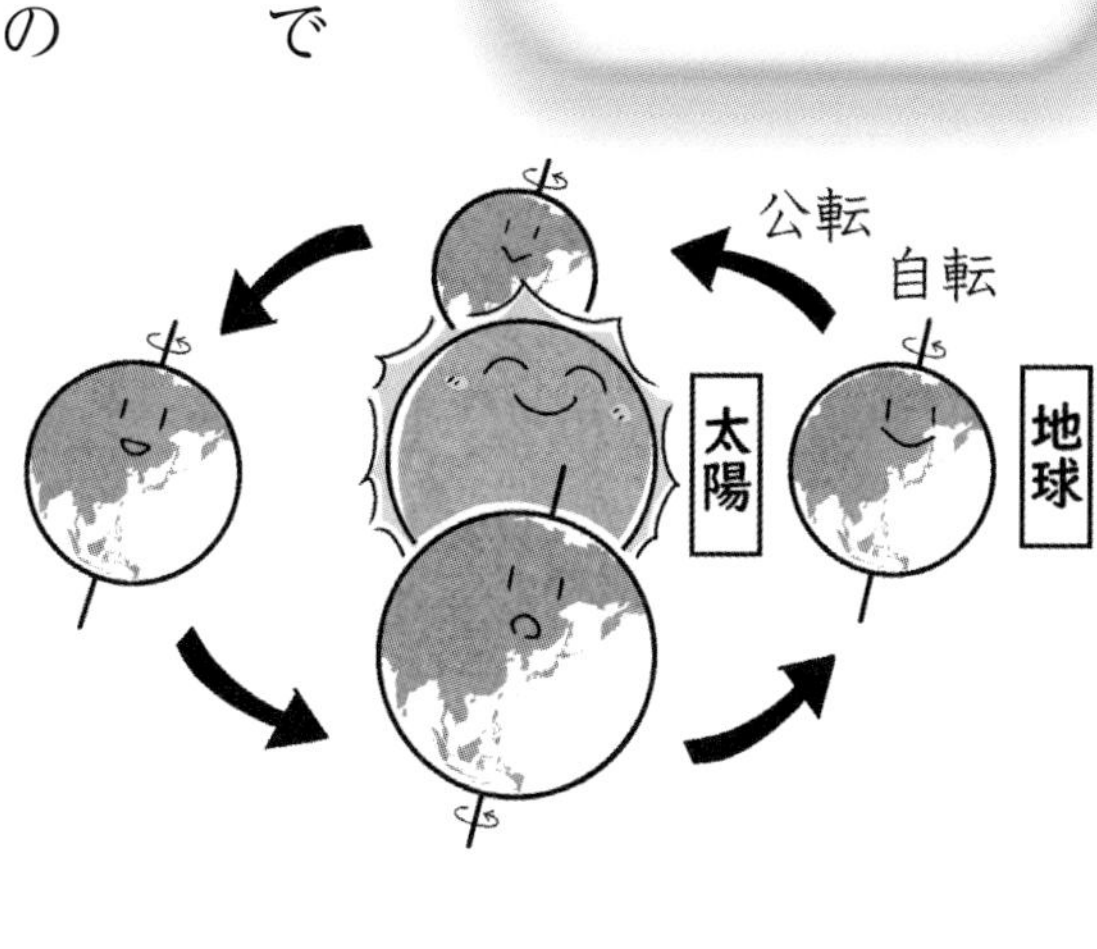

だ、地球は五万年で1秒《びょう》ぐらい遅《おそ》くなっているようで、海面の昇降現象《しょうこうげんしょう》と海底《かいてい》との摩擦がブレーキになっているといわれています。

このあたりまでは、かなり確《たし》かな話なのですが、この先は「このような説《せつ》がありま す……」という程度《ていど》しかわかっていません。

まず、地球などの星は、宇宙にあった塵《ちり》が回転しながら集《あつ》まって、固《かた》まってできたと考えられています。ゴミの浮《う》いた水をぐるぐると棒《ぼう》でかき混《ま》ぜて渦《うず》を作ると、ゴミが渦の中心に集まってくるのと似《に》ています。

宇宙の塵の粒《つぶ》は、それぞれが渦の動きに沿《そ》って回っているので、これが集合して、丸く固まった後も、やはり同じ方向《ほうこう》に回り続《つづ》けます。だから、地球は誕生までの過程《かてい》そのままに、自分自身《じぶんじしん》くるくると回り続けているのです。

中心で、太陽のような質量《しつりょう》の大きな恒星《こうせい》が回転をしていると、それがさらに大きな渦の中心になります。そして、その引力が届《とど》く範囲《はんい》にある星、つまり太陽系《たいようけい》であれば、大きな渦の動きのなごりのままに、太陽の周りを回り続けることになります。

ところで、砲丸投《ほうがんな》げの選手《せんしゅ》が、重《おも》い鉄球《てっきゅう》を手に、ぐるぐると回っているとき、鉄球には手から引っ張《ぱ》る力が働《はたら》いています。鉄球から手を離《はな》し、引っ張る力がなくなった瞬間《しゅんかん》、鉄球はまっすぐに飛《と》び去《さ》って行きます。

同じように、太陽と地球との間には、万有引力《ばんゆういんりょく》と呼《よ》ばれる、目に見えない引き合う力が働いています。いえ、別《べつ》に、太陽と地球だけの話ではありません。「万有」というのは、すべてが持《も》ち合わせている、という意味《いみ》です。この世界《せかい》にある質量のあるもの、すべての間には、互《たが》いに引き合う力「引力」が働きます。質量が大きいものほど、この力は強いので、地球と私《わたし》たち人間ほど、質量にケタ違《ちが》いに大きな差《さ》があると、まるで、一方的《いっぽうてき》に人間が地球に引きつけられているように見えます。この結果《けっか》、地上では、私たちには一方的に重力《じゅうりょく》が働いているように感《かん》じます。

太陽系のすべての星々の間には互いに万有引力が働いていますが、特《とく》に、圧倒的《あっとうてき》に質量が大きいのは太陽です。ですから、すべての惑星《わくせい》は、太陽につなぎとめられているような動きになります。

惑星は自転しています。さらに、太陽の周りを回転しています。その太陽系も銀河《ぎんが》の中で、一周に2億《おく》年をかけて回転しています。島宇宙《しまうちゅう》と言われる、銀河系外星雲も回転していることが知られています。

地球がどこか遠くに飛び去らず、太陽の周りを回り続けられるのは、万有引力によるものですが、そもそも天体がなぜ回転し始《はじ》めたのかは、明確な答えがないのが現《げん》状《じょう》です。回転することにより、安定《あんてい》することができるから、とも考えられています。

太陽系《たいようけい》の始《はじ》まりはいつで、ビッグバンって何だろう？

プラネタリウムに来《き》ているえみさんは、どんな話が聞けるのかとても楽しみにしています。

というのも、宇宙誕生《たんじょう》のこと、「ビッグバン」が今日のテーマだからです。さあ、始まりました。

『宇宙の始まりは、今から138億《おく》年前と考えられています。ずいぶん詳《くわ》しい数字が出てきたでしょう。まるで、誰《だれ》かが見てきたようです。どうして、そんなことがわかったのでしょうか。

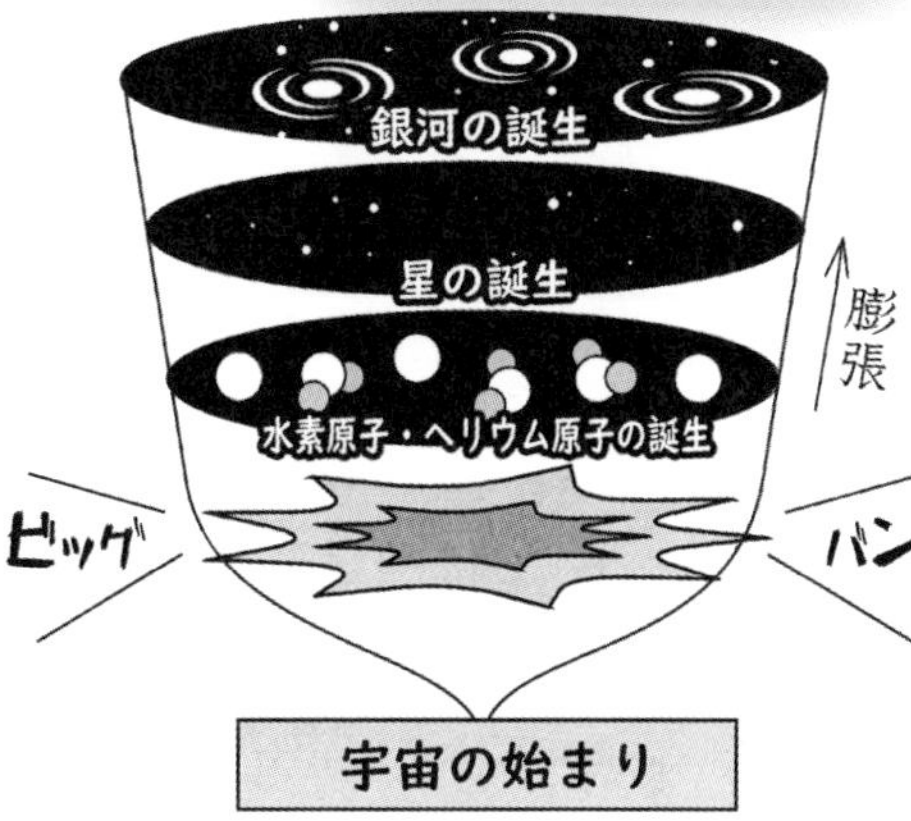

それは、宇宙がどんどん膨張《ぼうちょう》していることが発見《はっけん》されたからです。私《わたし》たちの銀河《ぎんが》から、ほかの銀河がどんどん遠ざかっていることが観測《かんそく》されたのです。逆《ぎゃく》にいえば、過去《かこ》には宇宙は1つの点であったわけです。それが138億年前、その1点が揺《ゆ》らぎ、急激《きゅうげき》な膨張が始《はじ》まったことを、ビッグバン（大爆発《だいばくはつ》）と言っています。

風船にマジックで点をいくつか書いて、それを膨《ふく》らませてみてください。膨らめば膨らむほど、どんどん、点と点の間が離《はな》れていきます。宇宙もどんどん膨らんでいるので、銀河どうしが遠ざかっていきます。（宇宙の膨張については50ページを参照《さんしょう》）』

えみさんが見上げているドーム型《がた》の夜空が、見たこともないような闇《やみ》と光の風景《ふうけい》に変《か》わっていきました。ぐんぐん膨らむ世界《せかい》の真《ま》ん中にいるような気がします。宇宙の始まりは、こんな感《かん》じだったのでしょうか。もちろん、本当はこんなふうに人の目で見えるようなできごとであるはずはありません。でも、想像《そうぞう》するのは楽しいものです。

『宇宙の始まりは極《きわ》めて高温、高密度《こうみつど》でした。はじめは、電子、光、ニュートリノと呼《よ》ばれる小さな小さな粒子《りゅうし》しか存在《そんざい》しませんでした。

ビッグバンが起《お》こって10万分の1秒後《びょう》には、温度が約《やく》1兆《ちょう》度にまで下がりました。下がって1兆度だったのですから、はじめの高温は、とんでもない熱《あつ》さですね。この頃《ころ》に、陽子《ようし》(水素《すいそ》の原子核《げんしかく》)や中性子《ちゅうせいし》ができました。ものすごい勢《いきお》いで飛《と》び回ってい たと考えられています。

3分たつと温度は約10億度になりました。たしかに、ずいぶん冷《ひ》えてきました。でもまだ、恐《おそ》ろしい熱さです。温度が低《ひく》くなったぶん、飛び回る粒子の動《うご》きが、少しおとなしくなりました。この頃になると、陽子2個、中性子2個《こ》が集《あつ》まって、ひとかたまりになり、ヘリウムの原子核ができました。

さらに膨張は続《つづ》き、温度はどんどん下がっていきました。

そして38万年後には約3000度になり、水素やヘリウムの原子核が、飛び回っていた電子をとらえ、原子核の周《まわ》りを電子が回るようになりました。原子核を構成《こうせい》する陽子というのは、プラスの電気を帯《お》びていたので、飛び回っているマイナスの電気を帯びていた電子を引き寄《よ》せることができます。電子がものすごいスピードで動いていては、引き寄せられても振り切って飛んでいってしまいます。ですが、温度が下がり、スピードが落《お》ちていたので、原子核につかまってしまったのです。それが、水素原子、ヘリウム原子の誕生《たんじょう》です。

いろいろな原子はすべて、中性子と陽子からできている原子核の周りを電子が回る構造になっています。

電子が原子核にとらえられていったので、電子にじゃまされ、まっすぐ進《すす》めなかった光が直進できるようになりました。これを「宇宙の晴れ上がり」と言っています。

こうして、宇宙の誕生から1~3億年後には最初《さいしょ》の星が生まれ、さらに数億年後には銀河ができて、約90億年後、今から46億年前、太陽が誕生したのです。』

思わず息《いき》をつめて見ていたえみさんは、やっと太陽ができたので、深《ふか》く息《いき》を吐《は》きました。物語《ものがたり》はここまででしたが、本当はこの後に地球《ちきゅう》が誕生して、生命《せいめい》が現れて、人類《じんるい》が登場《とうじょう》するのです。

えみさんは席《せき》を立つと、辺《あた》りに目をやりました。たくさんの人が立ち上がり、帰って行きます。楽しそうな話し声や、足音が遠ざかっていきます。

この人間社会は、今見た宇宙の誕生の後、ほんの偶然《ぐうぜん》のように起《お》こった太陽の誕生の先にあります。奇跡的《きせきてき》な偶然が重《かさ》なって、ここまで発展《はってん》してきた世界です。

「絶対《ぜったい》に、私たちの手で壊《こわ》すわけにはいかない。SDGs《エスディージーズ》の目標を実現《じつげん》して、この価《か》値《ち》がある命の世界をみんなで守《まも》ろう。」

今日のプラネタリウムのテーマは、えみさんにそんな思いを抱《いだ》かせました。

索引《さくいん》

この本に出ている、いろいろな言葉《ことば》や説明《せつめい》をまとめました。みなさんが知りたいな、不思議《ふしぎ》だなと思う言葉や説明があれば、そのページのお話を読んでみてください。思わぬ答えが見つかるかもしれません。

な行　〈ページ〉

は行

おとなのかたへ

「身近なことに関心をもたせよう」

小学校や中学校にも招かれ、出前授業をさせてもらっています。生徒の方々が目をかがやかせて聞いてくれるのは本当に楽しいものです。特に私が見つけた光触媒《ひかりしょくばい》の応用の一つである、たとえば、鏡がくもらなくなる実験を演示しますと、生徒の方々がいっせいにおどろきの声をあげてくれます。

出前授業では光触媒のほかにも、身のまわりのおもしろい現象について話します。たとえば、なぜアメンボは水の上をスイスイと動けるのかとか、梅前線とは言わないのに、南の方から徐々に桜が咲き始める桜前線があるのはなぜか、アサガオの花は何をもとにして開く時間がきまっているのか……など。

先生方でも、空や海が青いのはなぜ、と生徒に質問されて答えられなくてこまってしまうこともあると思います。身のまわりのいろいろな現象を不思議に思って質問をしてくる子どもたちの感性はすばらしいものです。このすばらしい感性を大事にして、のばしてあげることが、理科が好きになるキッカケにもなります。

これからの児童・生徒たちはSDGs《エスディージーズ》という大きなテーマに向き合っていかなければなりません。SDGsには環境、エネルギー、食糧、医療、人権、性差など、多くの課題が含まれていますが、実は、理科の学びにはこれらの課題を考えるヒントがたくさんあります。だからこの本の題名は『思考理科―なぜ?からはじめようSDGs―』となっているのです。

そしてもう一つ、理科という科目は社会、算数、芸術、国語とも密接な関係があります。現代社会は科学技術と切っても切り離せませんし、理科にはたくさんの数字が出てきます。そして理科の法則や実験は、みんながわかる文章で表現しなければなりません。芸術の深い理解には、光や音や五感の知識が大きくかかわってきます。

このように、理科を知ることによって他の教科の理解も深まってゆくことでしょう。これは今までの本になかった観点になります。

お父さん、お母さんもこの本でいっしょに学んでください。お父さん同士、お母さん同士で是非、子どもの「なぜ」を話題にしてください。そして「なぜ」がわかったときには、大いに自慢しましょう。

二〇二三年七月

東京理科大学　栄誉教授　藤嶋　昭

〈監修〉**藤嶋昭**（ふじしま　あきら）

一九四二年、東京都生まれ。東京大学大学院博士課程修了。工学博士。専門は光触媒、機能材料。東京理科大学栄誉教授、東京大学特別栄誉教授。

日本化学会会長、日本学術会議会員などを歴任。日本化学会賞、日本学士院賞、恩賜発明賞、日本国際賞、文化功労者、ゲリッシャー賞、ガルバーニメダルなど受賞歴多数。

二〇一〇年に文化功労者、二〇一七年に文化勲章受章。

主な著書に『科学も感動から―光触媒を例にして』『時代を変えた科学者の名言』（ともに東京書籍）、『光触媒が未来をつくる』（岩波ジュニア新書）、『教えて！藤嶋昭先生　科学のギモン』（朝日学生新聞社）など多数。

〈監修〉
藤嶋 昭（ふじしま あきら）
東京理科大学 栄誉教授

〈著者〉
田中 幸（たなか みゆき）
サイエンスライター。長年、中学校や高等学校で
理科を教えている。
結城千代子（ゆうき ちよこ）
サイエンスライター。長年、大学で教えながら、
小学校生活科・理科、中学校科学の教科書執筆に
たずさわっている。
2人の共著
『くっつくふしぎ』（福音館書店）、
『新しい科学の話 1年生～6年生』（東京書籍）、
『人物でよみとく物理』（朝日学生新聞社）、
ワンダー・ラボラトリシリーズ『粒でできた世界』
（太郎次郎社エディタス）など。

本書は2012年発行『新しい科学の話　1年生～6年生』（東京書籍）を底本として、SDGsの観点から構成・内容を一新いたしました。

思考理科《しこうりか》 ―なぜ？からはじめようSDGs《エスディージーズ》―
第2巻　算数《さんすう》の世界《せかい》に強《つよ》くなる理科《りか》

2023年9月13日　第1刷発行

◉監修　藤嶋昭
◉著者　田中幸／結城千代子
◉発行者　渡辺能理夫
◉発行所　東京書籍株式会社
東京都北区堀船2-17-1 〒114-8524
03-5390-7531（営業）
03-5390-7455（編集）
https://www.tokyo-shoseki.co.jp

◉本文イラスト　末廣裕美子
◉ブックデザイン　坂野公一（welle design）
◉キャラクターデザイン　ふくまさ
◉編集協力／DTP　越海辰夫　柴田奈々（越海編集デザイン）

◉印刷・製本　株式会社リーブルテック

ISBN 978-4-487-81702-3 C8040 NDC 408